内蒙古饲用植物营养成分

王建龙 云颖 刘洪林 付慧 等著

中国农业科学技术出版社

图书在版编目（CIP）数据

内蒙古饲用植物营养成分 / 王建龙等著. —北京：中国农业科学技术出版社，2021.7

ISBN 978-7-5116-5397-0

Ⅰ.①内… Ⅱ.①王… Ⅲ.①饲料作物-营养成分 Ⅳ.①S54

中国版本图书馆 CIP 数据核字（2021）第 127186 号

责任编辑 陶　莲
责任校对 贾海霞
责任印制 姜义伟　王思文

出 版 者 中国农业科学技术出版社
北京市中关村南大街 12 号　邮编：100081
电　　话 (010)82106625(编辑室)　(010)82109702(发行部)
(010)82109709(读者服务部)
传　　真 (010)82106650
网　　址 http://www.castp.cn
经 销 者 各地新华书店
印 刷 者 北京建宏印刷有限公司
开　　本 170 mm×240 mm　1/16
印　　张 11.25
字　　数 227 千字
版　　次 2021 年 7 月第 1 版　2021 年 7 月第 1 次印刷
定　　价 88.00 元

《内蒙古饲用植物营养成分》
著者名单

主　著： 王建龙　云　颖　刘洪林　付　慧

副主著： 吴洪新　王文曦　张燕东　降晓伟
卫　媛

参　著： 马　巍　云岩春　刘江英　李坤娜
李润航　李　薇　宋春英　赵志惠
黄奕颖　湖日尔　张海军

完成单位：

1. 中国农业科学院草原研究所
2. 内蒙古自治区动物疫病预防控制中心
3. 内蒙古自治区农畜产品质量安全中心
4. 锡林郭勒盟植保植检站
5. 鄂尔多斯市农牧技术推广中心

内容简介

饲用植物资源是指可供家畜放牧采食或人工收获（加工）后用来饲喂家畜的植物资源，是经过漫长的自然选择和人工培育而形成的再生性资源。它是发展草食家畜的物质基础，对改善和保持人类生存环境具有非常重要的作用。

本书共采集内蒙古地区 45 个属的 968 份植物样本，对其不同物候期化学成分和营养价值进行检测得到数据，并附牧草及青贮饲料常用指标检测方法，可供从事饲草生产与经营管理人员参考使用。全书分为两篇，第一篇为内蒙古饲用植物营养成分实测数据表，第二篇为牧草及青贮饲料常用指标检测方法。

前　　言

内蒙古自治区（以下简称内蒙古，全书同）地处我国北部边疆，位于北纬37°24′~53°23′，东经97°12′~126°04′，地域广袤，草原资源丰富。全区总面积118.3万km^2，占中国土地面积的12.3%，是中国第三大省区。内蒙古行政区划横跨中国东北、华北、西北三大地区，东北部与黑龙江、吉林、辽宁、河北交界，南部与山西、陕西、宁夏回族自治区（以下简称宁夏，全书同）相邻，西南部与甘肃毗连，北部与俄罗斯、蒙古接壤。地势由东北向西南斜伸，呈狭长形，全区基本属高原型地貌，涵盖高原、山地、丘陵、平原、沙漠、河流、湖泊等多种复杂多样的类型。

内蒙古草原是我国北方草原的主体，是保存最完整的温带草原，面积约8 666.7万hm^2，其中天然牧场6 818万hm^2，占全国草场面积的27%，为我国最大的草场和天然牧场。内蒙古草原可分为东部半湿润气候下的草甸草原、中部半干旱气候下的典型草原、西部干旱气候下的荒漠草原。畜牧业是内蒙古的支柱产业之一，天然草地是畜牧业最重要的基础生产资料，草原对内蒙古畜牧业的发展有着举足轻重的意义。草原畜牧业以饲用植物为基础，在内蒙古天然草地中，饲用植物资源十分丰富。各种饲用植物在不同生活环境、不同生长发育阶段，其营养成分含量和营养价值各不相同。而且，由于畜牧业是植物性生产转化为动物性生产的复杂过程，各种畜禽由于品种、用途不同，对饲料的种类、数量、营养元素的要求也不相同。所以，对内蒙古天然草地不同饲用植物营养价值的测定不仅为研究畜禽营养与草地营养关系所必需，也是建立人工草地、进行畜种区划、制定家畜饲养标准、配制全价饲料、提高饲用植物的利用率、转化率的科学依据。

天然草地是内蒙古宝贵的自然资源、放牧畜牧业最重要的生产资料，它是家畜生存、发展和繁衍的食粮基地。经营管理好这片风水宝地不仅对内蒙古畜牧业的发展有着举足轻重的生产意义，对生态环境建设也有不可估量的现实意义。草地营养是畜牧业生产发展的重要环节，适口性良好营养价值高的优质牧草是家畜膘肥体壮的主要影响因素，所以家畜对草地的要求是，不仅要吃饱，同样要吃好，仅有数量、质量欠缺的草地满足不了现代化畜牧业发展的需要。草地是营养动态变化的生态群体，它随着人类经营管理方式的优劣而变化，管理符合生物循环，草地营养会逐渐提高，相反，掠夺式的经营方式，只能导致草地退化，草地营养成分下降。草地营养成分在其生长周期中起伏变化，在不同条件下，同一种牧草由于土壤、成土母岩等条件的差异也会影响草地营养成分丰与歉的变化。还有牧草遗传基因的区别，不仅不同科属的牧草营养成分存在差异，即使不同种的牧草也存在差异。

本书共收录内蒙古地区禾本科、豆科及其他科主要饲用植物资源 105 种（含变种），共 968 份植物样品，通过对饲用植物资源野外调查、分类学鉴定、化学物质检测工作完成了数据的采集。这些数据资料不仅可为草业工作者提供内蒙古天然草地营养成分纵向的历史变迁，还可在改造草地营养及选择优良牧草进行人工种草时提供科学依据，旨在为科研、教学、推广、生产、管理等部门的草业工作者提供有价值的参考资料，并为内蒙古的草牧业发展、生态建设及生物多样性保护提供有效的技术服务。随着内蒙古草地资源调查的深入，本书可成为草原、畜牧、科研、教学与生产单位的广大读者不可多得的参考资料。

著　者

2021 年 5 月

目　　录

第 一 篇

内蒙古饲用植物营养成分实测数据表

编号	植物名称	学名	样品来源	物候期与植物部位
芨芨草属 *Achnatherum* Beauv.				
1	芨芨草	*Achnatherum splendens*(Trin.)Nevski	内蒙古,锡林浩特市	营养期
2	芨芨草	*Achnatherum splendens*(Trin.)Nevski	内蒙古,锡林浩特市	营养期
3	芨芨草	*Achnatherum splendens*(Trin.)Nevski	内蒙古,锡林浩特市	抽穗期
4	芨芨草	*Achnatherum splendens*(Trin.)Nevski	内蒙古,达尔罕茂明安联合旗	抽穗期,生殖枝
5	芨芨草	*Achnatherum splendens*(Trin.)Nevski	内蒙古,达尔罕茂明安联合旗	抽穗期,营养枝
6	芨芨草	*Achnatherum splendens*(Trin.)Nevski	内蒙古,巴林右旗	开花期
7	芨芨草	*Achnatherum splendens*(Trin.)Nevski	内蒙古,西乌珠穆沁旗	开花期
8	芨芨草	*Achnatherum splendens*(Trin.)Nevski	内蒙古,达尔罕茂明安联合旗	开花期
9	芨芨草	*Achnatherum splendens*(Trin.)Nevski	内蒙古,达尔罕茂明安联合旗	开花期,生殖枝
10	芨芨草	*Achnatherum splendens*(Trin.)Nevski	内蒙古,白银库仑牧场	花谢期
11	芨芨草	*Achnatherum splendens*(Trin.)Nevski	内蒙古,东乌珠穆沁旗	结实期
12	芨芨草	*Achnatherum splendens*(Trin.)Nevski	内蒙古,达尔罕茂明安联合旗	成熟期
13	芨芨草	*Achnatherum splendens*(Trin.)Nevski	内蒙古,锡林浩特市	成熟期
14	羽茅	*Acumaterum sibiricum*(L.)Keng	内蒙古,正蓝旗	抽穗期
15	羽茅	*Acumaterum sibiricum*(L.)Keng	内蒙古,巴林右旗	开花期
16	羽茅	*Acumaterum sibiricum*(L.)Keng	内蒙古,呼和浩特市	种子
17	羽茅	*Acumaterum sibiricum*(L.)Keng	内蒙古,呼和浩特市	种子
獐毛属 *Aeluropus* Trin.				
18	獐毛	*Aeluropus littoralis*(Gouan) Parl.var.*sinensis* Debeaux	内蒙古,东乌珠穆沁旗	
冰草属 *Agropyron* Gaertn.				
19	冰草	*Agropyron cristatum*(L.)Gaertn.	内蒙古,锡林浩特市	拔节期
20	冰草	*Agropyron cristatum*(L.)Gaertn.	内蒙古,锡林浩特市	抽穗期
21	冰草	*Agropyron cristatum*(L.)Gaertn.	内蒙古,锡林浩特市	抽穗期
22	冰草	*Agropyron cristatum*(L.)Gaertn.	内蒙古,锡林浩特市	抽穗期
23	冰草	*Agropyron cristatum*(L.)Gaertn.	内蒙古,锡林浩特市	抽穗末期
24	冰草	*Agropyron cristatum*(L.)Gaertn.	内蒙古,锡林浩特市	抽穗期
25	冰草	*Agropyron cristatum*(L.)Gaertn.	内蒙古,锡林浩特市	抽穗期
26	冰草	*Agropyron cristatum*(L.)Gaertn.	内蒙古,锡林浩特市	抽穗期
27	冰草	*Agropyron cristatum*(L.)Gaertn.	内蒙古,镶黄旗	抽穗期
28	冰草	*Agropyron cristatum*(L.)Gaertn.	内蒙古,锡林浩特市	抽穗期
29	冰草	*Agropyron cristatum*(L.)Gaertn.	内蒙古,锡林浩特市	抽穗期

注：1Mcal/kg=4 185.85kJ/kg，全书同。

化学成分									营养价值			
水分（%）	干物质（%）	占绝对干物质比例（%）					钙（%）	磷（%）	可消化粗蛋白质（g/kg）	总能（Mcal/kg）	消化能（Mcal/kg）	代谢能（Mcal/kg）
		粗蛋白质	粗脂肪	粗纤维	无氮浸出物	粗灰分						
7	93	16.19	2.72	29.85	44.2	7.04			102	4.29	2.51	2.06
7.4	92.6	18.13	2.81	30.27	39.04	9.75	0.31	0.21	156	4.21	2.61	2.14
7.3	92.7	11.27	2.26	34.69	46.72	5.06			92	4.27	2.31	1.9
8.12	91.88	10.71	1.2	40.41	42.46	5.22	0.08	0.13	101	4.24	1.24	1.02
8.97	91.03	15.22	2.02	42.57	33.19	7	0.36	0.17	96	4.24	2.14	1.76
7.99	92.01	9.99	2.62	43.08	38.84	5.47	0.27	0.13	90	4.26	1.74	1.43
6.31	93.69	10.4	2.28	37.35	42.19	7.78	0.44	0.18	89	4.15	2.24	1.84
8.11	91.87	14.29	2.15	49.31	29.54	4.71	0.24	0.14	76	4.33	1.88	1.54
7.84	92.16	10.45	1.37	48.51	35.24	4.43	0.08	0.14	101	4.24	1.24	1.02
7	93	10.44	2.42	37.68	43.52	5.94			88	4.23	2.14	1.76
7.1	92.9	6	1.44	34.11	53.54	4.91			42	4.16	2.37	1.94
7.8	92.2	6.56	1.43	48.28	39.38	4.35	0.12	0.1	58	1.19	1.3	1.06
6.9	93.1	9	1.85	29.59	53.21	6.35			64	4.16	2.75	2.25
7	93	11.5	2.46	38.26	42.83	4.95			100	4.29	2.05	1.68
6.93	93.07	9.84	2.5	48.04	34.97	4.65	0.5	0.11	94	4.28	1.34	1.1
10.72	87.28	15.64	2.63	12.65	63.94	5.14	0.19	0.34	120	4.36	3.06	2.52
8.56	91.44	18.46	2.83	12.89	61.21	4.61	0.11	0.36	139	4.43	4.83	3.97
7.3	92.7	10.42	2.76	31.95	41.9	12.97			87	3.96	2.87	2.36
9.93	90.07	23.61	5.32	20.23	39.7	11.14	0.84	0.16	227	4.36	3.01	2.47
8.53	91.47	18.08	2.26	30.28	42.76	6.62	0.32	0.13	128	4.31	2.45	2.01
8.2	91.8	18.98	1.83	28.25	43.69	7.52	1.89	0.26	144	4.28	2.51	2.06
9.3	90.7	16.29	1.87	33.23	40.54	8.07	0.32	0.33	108	4.2	2.43	1.99
8.91	91.09	12.36	1.71	35.87	44.08	5.98	0.36	0.23	106	4.22	2.23	1.83
7.4	92.6	13.68	2.12	32.28	43.84	8.08			70	4.18	2.48	2.08
7.3	92.7	8.84	1.87	34.83	46.93	7.53			70	4.11	2.41	1.98
7.3	92.7	17.01	2.34	29.17	45.61	5.87			104	4.33	2.46	2.02
7.5	92.5	13.64	2.96	24.76	51.5	7.14			61	4.26	2.68	2.2
7.24	92.76	17.5	1.96	34.35	36.52	9.67	0.43	0.26	142	4.16	2.46	2.02
6.9	93.1	8.79	1.94	41.09	41.26	6.92			76	4.14	1.93	1.58

编号	植物名称	学名	样品来源	物候期与植物部位
30	冰草	*Agropyron cristatum*(L.) Gaertn.	内蒙古,锡林浩特市	开花期
31	冰草	*Agropyron cristatum*(L.) Gaertn.	内蒙古,锡林浩特市	花前期
32	冰草	*Agropyron cristatum*(L.) Gaertn.	内蒙古,锡林浩特市	开花期
33	冰草	*Agropyron cristatum*(L.) Gaertn.	内蒙古,锡林浩特市	开花期
34	冰草	*Agropyron cristatum*(L.) Gaertn.	内蒙古,正蓝旗	开花期
35	冰草	*Agropyron cristatum*(L.) Gaertn.	内蒙古,正蓝旗	开花期
36	冰草	*Agropyron cristatum*(L.) Gaertn.	内蒙古,锡林浩特市	开花期
37	冰草	*Agropyron cristatum*(L.) Gaertn.	内蒙古,锡林浩特市	开花期
38	冰草	*Agropyron cristatum*(L.) Gaertn.	内蒙古,锡林浩特市	开花期,茎
39	冰草	*Agropyron cristatum*(L.) Gaertn.	内蒙古,锡林浩特市	开花期,叶
40	冰草	*Agropyron cristatum*(L.) Gaertn.	内蒙古,锡林浩特市	开花期,花序
41	冰草	*Agropyron cristatum*(L.) Gaertn.	内蒙古,锡林浩特市	开花期
42	冰草	*Agropyron cristatum*(L.) Gaertn.	内蒙古,呼和浩特市	开花期
43	冰草	*Agropyron cristatum*(L.) Gaertn.	内蒙古,呼和浩特市	花末单连灌浆期
44	冰草	*Agropyron cristatum*(L.) Gaertn.	内蒙古,呼和浩特市	盛花期
45	冰草	*Agropyron cristatum*(L.) Gaertn.	内蒙古,呼和浩特市	开花期
46	冰草	*Agropyron cristatum*(L.) Gaertn.	内蒙古,呼和浩特市	开花期
47	冰草	*Agropyron cristatum*(L.) Gaertn.	内蒙古,锡林浩特市	开花期
48	冰草	*Agropyron cristatum*(L.) Gaertn.	内蒙古,锡林浩特市	结实期
49	冰草	*Agropyron cristatum*(L.) Gaertn.	内蒙古,锡林浩特市	结实期
50	冰草	*Agropyron cristatum*(L.) Gaertn.	内蒙古,锡林浩特市	结实期,野生
51	冰草	*Agropyron cristatum*(L.) Gaertn.	内蒙古,锡林浩特市	乳熟期
52	冰草	*Agropyron cristatum*(L.) Gaertn.	内蒙古,锡林浩特市	蜡熟,再生草
53	冰草	*Agropyron cristatum*(L.) Gaertn.	内蒙古,锡林浩特市	蜡熟期
54	冰草	*Agropyron cristatum*(L.) Gaertn.	内蒙古,呼和浩特市	种子
55	冰草	*Agropyron cristatum*(L.) Gaertn.	内蒙古,呼和浩特市	种子
56	冰草	*Agropyron cristatum*(L.) Gaertn.	内蒙古,锡林浩特市	成熟期
57	冰草	*Agropyron cristatum*(L.) Gaertn.	内蒙古,锡林浩特市	成熟期
58	冰草	*Agropyron cristatum*(L.) Gaertn.	内蒙古,锡林浩特市	成熟期
59	冰草	*Agropyron cristatum*(L.) Gaertn.	内蒙古,锡林浩特市	成熟期
60	冰草	*Agropyron cristatum*(L.) Gaertn.	内蒙古,呼和浩特市	成熟期
61	冰草	*Agropyron cristatum*(L.) Gaertn.	内蒙古,呼和浩特市	成熟期

（续表）

化学成分									营养价值			
水分（%）	干物质（%）	占绝对干物质比例(%)					钙（%）	磷（%）	可消化粗蛋白质（g/kg）	总能（Mcal/kg）	消化能（Mcal/kg）	代谢能（Mcal/kg）
		粗蛋白质	粗脂肪	粗纤维	无氮浸出物	粗灰分						
7.99	92.01	11.91	2.07	31.7	48.12	6.2	0.31	0.1	95	4.23	2.56	2.1
8.21	91.79	12.22	2.48	33.81	45.91	5.58	0.24	0.09	102	4.28	2.4	1.97
8.09	91.91	9.07	1.66	38.79	43.69	6.79	0.28	0.24	76	4.14	2.08	1.71
8.2	91.8	10.21	1.64	40.65	41.89	5.61	0.33	0.2	89	4.2	1.88	1.54
7.2	92.8	10.66	2.73	30	51.53	5.08			80	4.29	2.68	2.2
6.9	93.1	7.47	2.68	31.55	53.4	4.9			70	4.11	2.41	1.98
7.1	92.9	12.78	3.32	26.42	51.57	5.91			97	4.32	2.98	2.45
7.74	92.26	13.15	2.04	35.12	41.34	8.35	0.39	0.24	67	4.15	2.41	1.98
8.1	91.9	7.36	0.86	50.72	36.11	4.95			68	4.15	1.11	0.91
9	91	13.58	3.38	30.92	36.68	15.44			114	3.93	2.88	2.36
10.5	89.5	13.79	2.3	36.11	39.94	7.86			75	4.2	2.37	1.95
8.2	91.8	6.98	1.8	45.33	39.52	6.37			61	4.13	1.61	1.32
5.61	94.39	7.79	2.22	32.29	50.82	6.88	0.43	0.22	57	4.14	2.6	2.13
5.7	94.3	8.4	2.34	34.27	49.03	5.96	1.43	0.23	64	4.2	2.41	1.98
5.84	94.16	11.17	2.39	29.78	50.17	6.49	0.36	0.14	85	4.22	2.74	2.25
6.5	93.5	11.35	2.7	34.42	45.61	5.92	0.4	0.12	94	4.26	2.38	1.96
6.71	93.29	15.21	2.61	30.4	42.18	9.6	0.83	0.17	134	4.16	2.79	2.29
6.92	93.08	14.92	2.42	29.23	46.49	7.12	0.47	0.22	79	4.24	2.52	2.07
7.39	93.98	13.23	3.74	31.85	44.07	7.11	0.96	0.21	67	4.29	2.52	2.07
6.55	93.45	5.08	2.61	35.19	51.07	5.37	0.4	0.13	36	4.18	2.37	1.94
6.67	93.33	7	2.4	36.43	49.47	4.7	0.37	0.15	53	4.23	2.22	1.82
8.1	91.9	6.27	1.83	38.01	47.32	6.57			48	4.11	2.16	1.78
7.63	92.37	21.28	2.66	29.94	37.21	8.91	0.43	0.1	95	4.23	2.56	2.1
8.2	91.8	5.98	1.78	35.9	49.51	6.83			44	4.1	2.33	1.91
7.77	92.23	18.38	1.99	19.07	52.39	8.17	0.56	0.33	137	4.24	4.31	3.54
7.98	92.02	20.59	3.27	17.67	52.37	6.1	0.3	0.44	157	4.42	4.53	3.72
8.2	91.8	10.27	2.25	33.25	47.38	6.85	0.35	0.06	81	4.18	2.5	2.05
8.22	91.78	6.01	1.63	32.44	53.91	6.01	0.61	0.1	41	4.12	2.54	2.09
8.98	91.02	8.13	1.88	39.86	44.18	5.95	0.36	0.18	67	4.17	1.98	1.63
8.78	91.22	10.09	2.35	37.98	42.33	7.25	0.36	0.17	86	4.17	2.18	1.79
7	93	8.99	2.88	32.01	49.49	6.63	0.36	0.11	68	4.21	2.62	2.15
6.33	93.67	7.11	1.98	31.25	52.94	6.72	0.18	0.22	50	4.13	2.66	2.19

编号	植物名称	学名	样品来源	物候期与植物部位
62	冰草	*Agropyron cristatum*(L.) Gaertn.	内蒙古,呼和浩特市	成熟期
63	冰草	*Agropyron cristatum*(L.) Gaertn.	内蒙古,呼和浩特市	成熟期
64	冰草	*Agropyron cristatum*(L.) Gaertn.	内蒙古,呼和浩特市	成熟期
65	冰草	*Agropyron cristatum*(L.) Gaertn.	内蒙古,巴林右旗	成熟期
66	冰草	*Agropyron cristatum*(L.) Gaertn.	内蒙古,锡林浩特市	成熟期
67	冰草	*Agropyron cristatum*(L.) Gaertn.	内蒙古,锡林浩特市	再生草,抽穗期
68	冰草	*Agropyron cristatum*(L.) Gaertn.	内蒙古,锡林浩特市	再生草,抽穗期
69	冰草	*Agropyron cristatum*(L.) Gaertn.	内蒙古,锡林浩特市	再生草,抽穗期
70	冰草	*Agropyron cristatum*(L.) Gaertn.	内蒙古,锡林浩特市	再生草,抽穗期
71	冰草	*Agropyron cristatum*(L.) Gaertn.	内蒙古,锡林浩特市	再生草,抽穗期
72	冰草	*Agropyron cristatum*(L.) Gaertn.	内蒙古,锡林浩特市	再生草,抽穗期
73	冰草	*Agropyron cristatum*(L.) Gaertn.	内蒙古,锡林浩特市	再生草,抽穗期
74	冰草	*Agropyron cristatum*(L.) Gaertn.	内蒙古,锡林浩特市	再生草,抽穗期
75	冰草	*Agropyron cristatum*(L.) Gaertn.	内蒙古,锡林浩特市	再生草,抽穗期
76	冰草	*Agropyron cristatum*(L.) Gaertn.	内蒙古,锡林浩特市	再生草,抽穗期
77	冰草	*Agropyron cristatum*(L.) Gaertn.	内蒙古,锡林浩特市	开花期
78	冰草	*Agropyron cristatum*(L.) Gaertn.	内蒙古,锡林浩特市	开花期
79	冰草	*Agropyron cristatum*(L.) Gaertn.	内蒙古,锡林浩特市	当年生
80	冰草	*Agropyron cristatum*(L.) Gaertn.	内蒙古,锡林浩特市	营养期
81	冰草	*Agropyron cristatum*(L.) Gaertn.	内蒙古,锡林浩特市	枯草期
82	细茎冰草	*Agropyron trachycaulum*(Link) Malte	内蒙古,锡林浩特市	抽穗期
83	细茎冰草	*Agropyron trachycaulum*(Link) Malte	内蒙古,锡林浩特市	抽穗期
84	细茎冰草	*Agropyron trachycaulum*(Link) Malte	内蒙古,锡林浩特市	开花期
85	细茎冰草	*Agropyron trachycaulum*(Link) Malte	内蒙古,锡林浩特市	开花期,茎
86	细茎冰草	*Agropyron trachycaulum*(Link) Malte	内蒙古,锡林浩特市	开花期,叶
87	细茎冰草	*Agropyron trachycaulum*(Link) Malte	内蒙古,锡林浩特市	开花期,花序
88	细茎冰草	*Agropyron trachycaulum*(Link) Malte	内蒙古,呼和浩特市	灌浆期
89	细茎冰草	*Agropyron trachycaulum*(Link) Malte	内蒙古,锡林浩特市	成熟期
90	细茎冰草	*Agropyron trachycaulum*(Link) Malte	内蒙古,呼和浩特市	成熟期
91	细茎冰草	*Agropyron trachycaulum*(Link) Malte	内蒙古,呼和浩特市	成熟期
92	细茎冰草	*Agropyron trachycaulum*(Link) Malte	内蒙古,呼和浩特市	成熟期

（续表）

化学成分									营养价值			
水分（%）	干物质（%）	占绝对干物质比例（%）					钙（%）	磷（%）	可消化粗蛋白质（g/kg）	总能（Mcal/kg）	消化能（Mcal/kg）	代谢能（Mcal/kg）
		粗蛋白质	粗脂肪	粗纤维	无氮浸出物	粗灰分						
6.73	93.27	6.37	2.06	38.62	47.2	5.75	0.18	0.24	49	4.16	2.09	1.72
7.06	92.94	5.55	2.78	37.5	47.51	6.66	0.54	0.23	42	4.15	2.25	1.85
5.26	94.74	6.69	2.28	34.72	51.56	4.75	0.43	0.26	48	4.22	2.34	1.92
6.02	93.98	6.46	1.91	37.01	47.59	7.03	0.31	0.18	49	4.1	2.26	1.85
7.43	92.57	12.95	2.47	35.79	42.57	6.22	0.25	0.18	56	4.26	2.32	1.91
7.31	92.69	13.25	2.95	30.04	43.62	10.14	0.47	0.18	77	4.13	2.66	2.19
7.46	92.54	18.14	2.73	31.71	37.11	10.31	0.55	0.17	161	4.18	2.59	2.13
8.55	91.45	8.21	3.09	30.18	48.52	10	0.53	0.18	61	4.06	2.92	2.39
7.93	92.07	18.28	2.36	32.3	36	11.06	0.45	0.2	168	4.13	2.59	2.13
8.64	91.36	8.31	2.88	29.3	48.48	11.03	0.59	0.05	62	4.01	3.01	2.47
7.64	92.36	15.97	2.45	33.64	37.92	11.02	0.7	0.11	120	4.15	2.53	2.07
7.99	92.01	14.89	3.52	27.97	43.32	10.3	0.59	0.21	104	4.17	2.74	2.25
7.62	92.38	16.4	2.96	28.29	43.51	8.84	0.51	0.21	116	4.23	2.64	2.17
7.74	92.26	16.27	3.68	26.85	40.18	13.02	0.67	0.25	144	4.09	2.89	2.37
8.01	91.99	21.56	3.79	24.76	38.47	11.42	0.57	0.17	205	4.24	2.85	2.34
8.74	91.26	13.16	3.57	26.62	43.03	13.62	0.71	0.25	94	4.01	2.93	2.4
8.48	91.52	12.35	2.32	29.33	46.31	9.69	0.59	0.23	100	4.1	2.89	2.37
9.09	90.91	14.01	3.67	25.59	46.94	9.79	0.56	0.24	86	4.19	2.79	2.29
6.86	93.14	18.33	3.33	32.22	38.57	7.55	0.33	0.21	150	4.33	2.48	2.04
7.02	92.98	3.3	4.07	40.43	47.03	5.17	0.44	0.05	25	4.24	2.05	1.68
7.4	92.6	10.49	2.36	39.1	39.54	8.51	0.35	0.21	93	4.12	2.14	1.76
8.02	91.98	9.65	3.12	30.93	48.11	8.19	0.49	0.06	74	4.16	2.77	2.27
8.22	91.78	8.99	2.4	38.7	42.22	7.69	0.32	0.19	76	4.14	2.16	1.77
8.8	91.2	7.23	0.9	48.73	38.41	4.73			65	4.16	1.25	1.03
8.8	91.2	12.65	3.51	38.92	36.19	8.73			119	4.21	2.19	1.8
10.5	89.5	13.28	1.52	41.63	39.62	3.95			48	4.31	2.03	1.67
5.86	94.14	7.53	2.2	36.06	47.74	6.47	0.25	0.15	58	4.16	2.3	1.89
8.9	91.1	6.74	2.56	37.11	44.87	8.72	0.4	0.16	53	4.07	2.34	1.92
4.88	95.12	5.44	2.21	31.32	54.56	6.47	0.28	0.18	36	4.12	2.68	2.2
5.52	94.48	5.53	2.59	37.54	48.46	5.88	0.18	0.15	41	4.17	2.21	1.81
5.99	94.01	4.68	1.33	47.19	40.33	6.47	0.07	0.21	40	4.07	1.48	1.21

编号	植物名称	学名	样品来源	物候期与植物部位
93	细茎冰草	*Agropyron trachycaulum*(Link) Malte	内蒙古,锡林浩特市	再生草,抽穗期
94	细茎冰草	*Agropyron trachycaulum*(Link) Malte	内蒙古,锡林浩特市	再生草,开花期
95	沙芦草	*Agyonpyron mongolicum* Keng	内蒙古,呼和浩特市	拔节期
96	沙芦草	*Agyonpyron mongolicum* Keng	内蒙古,锡林浩特市	孕穗期
97	沙芦草	*Agyonpyron mongolicum* Keng	内蒙古,锡林浩特市	抽穗期
98	沙芦草	*Agyonpyron mongolicum* Keng	内蒙古,镶黄旗	抽穗期
99	沙芦草	*Agyonpyron mongolicum* Keng	内蒙古,锡林浩特市	抽穗期
100	沙芦草	*Agyonpyron mongolicum* Keng	内蒙古,锡林浩特市	抽穗期
101	沙芦草	*Agyonpyron mongolicum* Keng	内蒙古,锡林浩特市	开花期
102	沙芦草	*Agyonpyron mongolicum* Keng	内蒙古,正蓝旗	开花期
103	沙芦草	*Agyonpyron mongolicum* Keng	内蒙古,锡林浩特市	花谢期
104	沙芦草	*Agyonpyron mongolicum* Keng	内蒙古,呼和浩特市	灌浆期
105	沙芦草	*Agyonpyron mongolicum* Keng	内蒙古,锡林浩特市	成熟期
106	沙芦草	*Agyonpyron mongolicum* Keng	内蒙古,呼和浩特市	成熟期
107	沙芦草	*Agyonpyron mongolicum* Keng	内蒙古,呼和浩特市	成熟期
108	沙芦草	*Agyonpyron mongolicum* Keng	内蒙古,锡林浩特市	成熟期
109	沙芦草	*Agyonpyron mongolicum* Keng	内蒙古,锡林浩特市	再生草,抽穗期
110	沙芦草	*Agyonpyron mongolicum* Keng	内蒙古,锡林浩特市	再生草,抽穗期
111	沙芦草	*Agyonpyron mongolicum* Keng	内蒙古,锡林浩特市	再生草,抽穗期
112	西伯利亚冰草	*Agropyron sibiricum*(Willd.) Beauv.	内蒙古,锡林浩特市	抽穗期
113	西伯利亚冰草	*Agropyron sibiricum*(Willd.) Beauv.	内蒙古,锡林浩特市	抽穗末期
114	西伯利亚冰草	*Agropyron sibiricum*(Willd.) Beauv.	内蒙古,锡林浩特市	开花期
115	西伯利亚冰草	*Agropyron sibiricum*(Willd.) Beauv.	内蒙古,正蓝旗	开花期
116	西伯利亚冰草	*Agropyron sibiricum*(Willd.) Beauv.	内蒙古,呼和浩特市	开花期
117	西伯利亚冰草	*Agropyron sibiricum*(Willd.) Beauv.	内蒙古,锡林浩特市	花末期
118	西伯利亚冰草	*Agropyron sibiricum*(Willd.) Beauv.	内蒙古,锡林浩特市	乳熟前期
119	西伯利亚冰草	*Agropyron sibiricum*(Willd.) Beauv.	内蒙古,锡林浩特市	成熟期
120	西伯利亚冰草	*Agropyron sibiricum*(Willd.) Beauv.	内蒙古,锡林浩特市	再生草,抽穗期
121	沙生冰草	*Agropyron desertorum*(Fisch.) Schult.	内蒙古,正蓝旗	抽穗期
122	沙生冰草	*Agropyron desertorum*(Fisch.) Schult.	内蒙古,正蓝旗	初花期
123	河边冰草	*Agropyron riparium* Scribn.et Smith	内蒙古,呼和浩特市	开花期

（续表）

化学成分									营养价值			
水分（%）	干物质（%）	占绝对干物质比例（%）					钙（%）	磷（%）	可消化粗蛋白质（g/kg）	总能（Mcal/kg）	消化能（Mcal/kg）	代谢能（Mcal/kg）
		粗蛋白质	粗脂肪	粗纤维	无氮浸出物	粗灰分						
8.7	91.3	13.48	3.47	30.45	41.03	11.57	0.63	0.23	48	4.12	2.3	1.89
8.18	91.82	13.55	3.83	31.26	39.76	11.6	0.63	0.22	95	4.12	2.73	2.24
6.2	93.8	10.63	1.92	30.86	47.72	8.87			83	4.09	2.74	2.25
8.45	91.55	14.18	2.34	31.35	42.81	9.32	0.51	0.15	84	4.14	2.56	2.1
8.17	91.83	19.03	2.02	32.63	38.76	7.56	0.55	0.16	154	4.27	2.42	1.98
7	93	17.7	2.81	25.39	47.83	6.27			117	4.35	2.59	2.13
7	93	9.41	2.15	31.54	50.87	6.03			70	4.2	2.6	2.13
8.43	91.57	12.49	2.74	29.62	47.73	7.42	0.59	0.19	100	4.22	2.79	2.29
7.39	92.61	10.18	1.8	45.73	37.33	4.96	0.16	0.09	95	4.24	1.49	1.22
6.2	93.8	10.63	2.7	31.02	51.36	4.29			80	4.32	2.57	2.11
8.4	91.6	10.69	3.32	46.28	33.69	6.02			104	4.28	1.55	1.27
5.93	94.07	8.77	1.94	38.24	46.13	4.92	0.14	0.11	71	4.23	2.06	1.69
7.73	92.27	8.9	2.11	39.42	43.62	5.95	0.2	0.05	95	4.24	1.49	1.22
5.4	94.6	5.86	2.54	34.18	51.62	5.8	0.32	0.23	42	4.18	2.45	2.11
5.59	94.41	5.14	2.16	42.01	45.6	5.09	0.25	0.21	40	4.18	1.83	1.5
7.1	92.9	8.43	1.87	31.02	50.44	8.24			62	4.08	2.73	2.24
6.98	93.02	6.36	2.02	36.32	48.64	6.66	0.66	0.02	48	4.12	2.3	1.89
7.47	92.53	10.96	2.36	37.54	41.25	7.89	0.43	0.07	96	4.16	2.23	1.83
8.3	91.7	12.5	1.93	38.97	38.73	7.87	0.35	0.13	115	4.16	2.09	1.71
8.6	91.4	16.7	2.23	32.47	41.21	7.39	0.51	0.13	112	4.26	2.43	2
10.01	89.99	13.86	1.71	37.44	40.75	6.24	0.24	0.24	65	4.23	2.24	1.84
8.57	91.43	13.62	2.09	46.49	32.03	5.78	0.28	0.12	70	4.27	2	1.64
6.5	93.5	9.46	2.28	32	52.21	4.05			70	4.29	2.49	2.04
5.86	94.14	8.28	1.96	36.17	47.61	5.98	0.25	0.21	65	4.17	2.26	1.85
7.94	92.06	12.11	2.1	46.74	33.81	5.24	0.2	0.21	120	4.27	1.42	1.16
7.32	92.68	9.22	1.69	42.94	40.44	5.71	0.2	0.19	81	4.19	1.73	1.42
8.65	91.35	7.53	1.83	40.29	40.34	10.01	0.2	0.15	64	3.99	2.13	1.75
9.63	90.38	18.46	2.49	34.44	34.83	9.78	0.72	0.34	166	4.2	2.48	2.04
7	93	8.92	2.66	27.24	57.43	3.75			59	4.32	2.84	2.34
8.2	91.8	10.42	2.77	30.28	51.96	4.57			77	4.31	2.64	2.17
6.26	93.74	11.2	3.55	32.42	43.85	8.98	0.72	0.09	93	4.18	2.7	2.21

编号	植物名称	学名	样品来源	物候期与植物部位
剪股颖属 *Aroptis* L.				
124	巨序剪股颖	*Aroptis gigantea* Roth.	内蒙古,锡林浩特市	开花期
125	巨序剪股颖	*Agrostis gigantea* Roth.	内蒙古,巴林右旗	成熟期
看麦娘属 *Alopecurus* L.				
126	苇状看麦娘	*Alopecurus arundinaceus* Poir.	内蒙古,阿巴哈纳尔旗	营养期
127	苇状看麦娘	*Alopecurus arundinaceus* Poir.	内蒙古,阿巴哈纳尔旗	抽穗期
128	苇状看麦娘	*Alopecurus arundinaceus* Poir.	内蒙古,阿巴嘎旗	结实期
129	短穗看麦娘	*Alopecurus brachystachyus* Bieb.	内蒙古,锡林浩特市	开花期
赖草属 *Leymus* Hochst.				
130	窄颖赖草	*Leymus angustus*(Trin.)Pilg.	内蒙古,锡林浩特市	枯草期
131	窄颖赖草	*Leymus angustus*(Trin.)Pilg.	内蒙古,锡林浩特市	枯草期
132	窄颖赖草	*Leymus angustus*(Trin.)Pilg.	内蒙古,锡林浩特市	枯草期
133	赖草	*Leymus secalinus*(Georgi)Tzvel	内蒙古,正蓝旗	拔节期
134	赖草	*Leymus secalinus*(Georgi)Tzvel	内蒙古,阿巴哈纳尔旗	抽穗期
135	赖草	*Leymus secalinus*(Georgi)Tzvel	内蒙古,锡林浩特市	抽穗期
136	赖草	*Leymus secalinus*(Georgi)Tzvel	内蒙古,阿巴哈纳尔旗	开花期
137	赖草	*Leymus secalinus*(Georgi)Tzvel	内蒙古,呼和浩特市	开花期
138	赖草	*Leymus secalinus*(Georgi)Tzvel	内蒙古,正蓝旗	开花期
139	赖草	*Leymus secalinus*(Georgi)Tzvel	内蒙古,锡林浩特市	开花期
140	赖草	*Leymus secalinus*(Georgi)Tzvel	内蒙古,白银库伦牧场	结实期
141	赖草	*Leymus secalinus*(Georgi)Tzvel	内蒙古,锡林浩特市	乳熟期
142	羊草	*Leymus chinensis*(Trin.)Tzvel	内蒙古,锡林浩特市	营养期
143	羊草	*Leymus chinensis*(Trin.)Tzvel	内蒙古,呼伦贝尔市	营养期
144	羊草	*Leymus chinensis*(Trin.)Tzvel	内蒙古,呼伦贝尔市	营养期
145	羊草	*Leymus chinensis*(Trin.)Tzvel	内蒙古,阿巴哈纳尔旗	营养期
146	羊草	*Leymus chinensis*(Trin.)Tzvel	内蒙古,锡林浩特市	营养期
147	羊草	*Leymus chinensis*(Trin.)Tzvel	内蒙古,阿巴哈纳尔旗	拔节期
148	羊草	*Leymus chinensis*(Trin.)Tzvel	内蒙古,阿巴哈纳尔旗	抽穗期
149	羊草	*Leymus chinensis*(Trin.)Tzvel	内蒙古,锡林浩特市	抽穗期
150	羊草	*Leymus chinensis*(Trin.)Tzvel	内蒙古,阿巴哈纳尔旗	抽穗期
151	羊草	*Leymus chinensis*(Trin.)Tzvel	内蒙古,阿巴哈纳尔旗	开花期
152	羊草	*Leymus chinensis*(Trin.)Tzvel	内蒙古,锡林浩特市	开花期

（续表）

化学成分									营养价值			
水分（%）	干物质（%）	占绝对干物质比例（%）					钙（%）	磷（%）	可消化粗蛋白质（g/kg）	总能（Mcal/kg）	消化能（Mcal/kg）	代谢能（Mcal/kg）
		粗蛋白质	粗脂肪	粗纤维	无氮浸出物	粗灰分						
8.9	91.1	12.04	2.44	35.76	39.64	10.12			107	4.08	2.44	2.01
7.64	92.36	5.68	1.64	41.85	44.26	6.57	0.2	0.19	46	4.09	1.88	1.54
6.9	93.1	13.46	2.83	30.7	38.75	14.26			102	3.95	2.81	2.31
7.2	92.8	10.76	2.35	36.4	39.22	11.27			95	4.01	2.45	2.01
7.5	92.5	7.39	1.81	31.29	48.34	11.17			55	3.94	2.84	2.33
5.36	94.64	16.91	3.41	34.66	37.18	7.84	0.53	0.38	129	4.3	2.44	2.01
7.01	92.99	6.29	1.52	41.58	39.67	10.94	0.54	0.13	53	3.91	2.07	1.7
8.36	91.64	6.48	1.46	40.87	40.02	11.17	0.59	0.14	55	3.9	2.13	1.75
7.36	92.64	5.46	1.26	41.39	40.3	11.59	0.7	0.08	45	3.86	2.11	1.73
6.9	93.1	13.56	2.97	31.48	45.94	6.05			61	4.3	2.45	2.01
7.1	92.9	11.18	2.12	36.35	45.36	4.99			93	4.27	2.18	1.79
9.14	90.86	25.41	2.92	28.42	30.73	12.52	0.74	0.29	234	2.21	2.74	2.25
7.3	92.7	15.61	2.66	30.03	44.37	7.33			94	2.26	2.52	2.07
7.1	92.9	11.09	1.99	33.61	47.49	5.82			89	4.23	2.41	1.98
6.5	93.5	10.12	1.98	43.32	40.56	4.02			90	4.29	1.63	1.34
6.5	93.5	10.76	2.02	38.65	39.77	8.8			95	4.1	2.17	1.78
6.8	93.2	8.33	3.01	35.77	47.63	5.26			65	4.26	2.3	1.89
6.4	93.6	6.84	2.15	44	39.07	7.94			60	4.08	1.79	1.47
4.65	95.35	14.29	2.21	34.01	40.27	9.22	0.42	0.32	87	4.14	2.48	3.04
7	93	11.17	2.96	35.84	43.76	6.27	0.04	0.19	94	4.26	2.31	1.89
6.87	93.13	10.16	2.48	36.12	43.82	7.42	0.47	0.24	85	4.17	2.32	1.91
7.2	92.8	16.27	3.75	25.43	45.6	8.95			117	4.26	2.75	2.26
6.82	83.18	19.2	3.2	31.59	39.21	6.8	0.47	0.22	160	4.37	2.46	2.02
7.5	92.5	13.86	2.82	29.69	46.4	7.23			69	4.25	2.54	2.09
7.3	92.7	12.38	2.54	31.85	45.59	7.64			102	4.2	2.63	2.16
8.76	91.24	24.14	1.88	28.76	34.6	10.62	0.79	0.28	222	4.21	2.62	2.15
7.2	92.8	18.14	3.66	23.61	47.38	7.21			135	4.36	2.72	2.23
7.6	92.4	15.47	3.57	25.57	48.73	6.66			89	4.34	2.65	2.18
8.23	91.77	14.5	2.85	34.09	39.4	9.16	0.35	0.23	93	4.18	2.5	2.05

编号	植物名称	学名	样品来源	物候期与植物部位
153	羊草	*Leymus chinensis*(Trin.)Tzvel	内蒙古,镶黄旗	开花期
154	羊草	*Leymus chinensis*(Trin.)Tzvel	内蒙古,锡林浩特市	开花期
155	羊草	*Leymus chinensis*(Trin.)Tzvel	内蒙古,锡林浩特市	开花期
156	羊草	*Leymus chinensis*(Trin.)Tzvel	内蒙古,呼伦贝尔市	开花期
157	羊草	*Leymus chinensis*(Trin.)Tzvel	内蒙古,锡林浩特市	开花期
158	羊草	*Leymus chinensis*(Trin.)Tzvel	内蒙古,锡林浩特市	开花期
159	羊草	*Leymus chinensis*(Trin.)Tzvel	内蒙古,锡林浩特市	开花期
160	羊草	*Leymus chinensis*(Trin.)Tzvel	内蒙古,东乌珠穆沁旗	结实期
161	羊草	*Leymus chinensis*(Trin.)Tzvel	内蒙古,东乌珠穆沁旗	结实期
162	羊草	*Leymus chinensis*(Trin.)Tzvel	内蒙古,东乌珠穆沁旗	结实期
163	羊草	*Leymus chinensis*(Trin.)Tzvel	内蒙古,东乌珠穆沁旗	结实期
164	羊草	*Leymus chinensis*(Trin.)Tzvel	内蒙古,东乌珠穆沁旗	结实期
165	羊草	*Leymus chinensis*(Trin.)Tzvel	内蒙古,东乌珠穆沁旗	结实期
166	羊草	*Leymus chinensis*(Trin.)Tzvel	内蒙古,锡林浩特市	结实期
167	羊草	*Leymus chinensis*(Trin.)Tzvel	内蒙古,锡林浩特市	结实期
168	羊草	*Leymus chinensis*(Trin.)Tzvel	内蒙古,锡林浩特市	结实期
169	羊草	*Leymus chinensis*(Trin.)Tzvel	内蒙古,锡林浩特市	结实期
170	羊草	*Leymus chinensis*(Trin.)Tzvel	内蒙古,锡林浩特市	结实期
171	羊草	*Leymus chinensis*(Trin.)Tzvel	内蒙古,锡林浩特市	结实期
172	羊草	*Leymus chinensis*(Trin.)Tzvel	内蒙古,锡林浩特市	果后期
173	羊草	*Leymus chinensis*(Trin.)Tzvel	内蒙古,东乌珠穆沁旗	乳熟期
174	羊草	*Leymus chinensis*(Trin.)Tzvel	内蒙古,锡林浩特市	乳熟期
175	羊草	*Leymus chinensis*(Trin.)Tzvel	内蒙古,镶黄旗	成熟期
176	羊草	*Leymus chinensis*(Trin.)Tzvel	内蒙古,赤峰市	成熟期
177	羊草	*Leymus chinensis*(Trin.)Tzvel	内蒙古,东乌珠穆沁旗	成熟期
178	羊草	*Leymus chinensis*(Trin.)Tzvel	内蒙古,呼和浩特市	种子
179	羊草	*Leymus chinensis*(Trin.)Tzvel	内蒙古,呼和浩特市	种子
180	羊草	*Leymus chinensis*(Trin.)Tzvel	内蒙古,锡林浩特市	有病植株
181	羊草	*Leymus chinensis*(Trin.)Tzvel	内蒙古,锡林浩特市	正常植株
182	羊草	*Leymus chinensis*(Trin.)Tzvel	内蒙古,锡林浩特市	有病植株
183	羊草	*Leymus chinensis*(Trin.)Tzvel	内蒙古,锡林浩特市	用扑草净处理过
184	羊草	*Leymus chinensis*(Trin.)Tzvel	内蒙古,锡林浩特市	施用 5406 肥料

（续表）

化学成分									营养价值			
水分（%）	干物质（%）	占绝对干物质比例（%）					钙（%）	磷（%）	可消化粗蛋白质（g/kg）	总能（Mcal/kg）	消化能（Mcal/kg）	代谢能（Mcal/kg）
		粗蛋白质	粗脂肪	粗纤维	无氮浸出物	粗灰分						
6.8	93.2	11.65	2.26	31.34	48.3	6.45			92	4.22	2.61	2.14
5.47	94.53	10.45	2	35.26	43.55	8.74	0.18	0.29	87	4.09	2.42	1.99
7.15	92.85	14.39	2.49	29.34	47.73	6.05	0.45	0.22	67	4.29	2.48	2.04
6.79	93.21	10.29	3.45	34.06	45.43	6.77	0.47	0.21	84	4.25	2.49	2.04
7.4	92.6	12.36	2.5	34.53	41.58	9.03			108	4.14	2.49	2.04
8.17	91.83	12.15	2.76	35.26	43.1	6.73	0.51	0.12	105	4.24	2.35	1.93
10.13	89.87	12.03	3.28	26.37	51.02	7.3	0.84	0.1	91	4.24	3.05	2.5
9.46	90.54	8.47	4.45	34.14	46.14	6.8	0.68	0.08	67	4.27	2.54	2.09
10.06	89.94	9.73	3.96	32.03	46.07	8.21	0.6	0.14	77	4.21	2.72	2.24
9.82	90.18	9.74	4.67	33.3	45.44	6.85	0.76	0.07	78	4.3	2.6	2.14
10.2	89.8	8.27	3.87	32.77	48.55	6.54	0.66	0.04	63	4.25	2.61	2.14
9.97	90.13	12.38	4.07	32.9	43.18	7.47	0.44	0.13	106	2.28	2.61	2.14
8.11	91.89	12.1	4.02	32.94	42.52	8.42	1.34	0.15	104	4.24	2.64	2.17
7.06	94.26	17.67	4.53	25.07	45.54	7.19	1.29	0.3	134	4.4	2.72	2.23
5.77	94.23	8.27	4.13	32.06	49.53	6.01	0.47	0.16	62	4.29	2.65	2.18
7.05	92.95	9.82	4.67	32.84	46.29	6.38	0.55	0.16	78	4.32	2.62	2.15
6.8	93.2	12.16	4.28	29.02	44.66	9.88	0.74	0.11	100	4.19	3	2.47
5.97	94.03	9.04	3.69	33.54	47.55	6.18	0.62	0.13	70	4.27	2.52	2.07
6.61	93.39	10.13	3.31	32.35	48.72	5.49	0.55	0.18	79	4.29	2.56	2.1
7.76	92.24	9.03	2.3	40.02	42	6.65	0.27	0.15	77	4.18	2.01	1.65
8.1	91.9	11.41	3.17	34.62	44.7	6.1			95	4.28	2.4	1.97
7	93	8.37	2.36	38.63	41.89	8.75			70	4.08	2.21	1.81
7.6	92.4	11.4	3.73	27.05	45.83	11.99			91	4.06	3.22	2.65
7.99	92.01	11.7	2.85	38.93	40.78	5.74	0.24	0.14	104	4.28	2.05	1.68
6.2	93.8	8.86	2.8	29.25	51.29	7.8			64	4.15	2.87	2.36
7.09	92.91	7.61	2.06	27.81	54.03	8.49	0.26	0.25	52	4.06	2.99	2.45
8.27	91.73	12.06	1.91	18.91	61.64	5.48	0.19	0.36	76	4.25	3.47	2.84
9.02	90.98	9.63	2.26	40	39.75	8.86	0.48	0.13	85	4.11	2.08	1.7
8.05	91.95	8.11	2.09	41	40.47	8.33	0.47	0.15	70	4.08	2.01	1.65
7.73	92.27	10.98	3.45	35	42.53	8.04	0.58	0.2	93	4.21	2.47	2.02
7.86	92.14	15.18	4.15	26.06	46.59	8.02			96	4.31	2.72	2.23
4.44	95.56	24.15	4.1	23.91	39	8.84			227	4.4	2.76	2.27

编号	植物名称	学名	样品来源	物候期与植物部位
185	羊草	*Leymus chinensis*(Trin.)Tzvel	内蒙古,锡林浩特市	施用脱氟林肥
186	羊草	*Leymus chinensis*(Trin.)Tzvel	内蒙古,锡林浩特市	在生长蘑菇的地方采样
187	羊草	*Leymus chinensis*(Trin.)Tzvel	内蒙古,锡林浩特市	施用脱氟林肥
188	羊草	*Leymus chinensis*(Trin.)Tzvel	内蒙古,锡林浩特市	施五氯酚钠
189	羊草	*Leymus chinensis*(Trin.)Tzvel	内蒙古,锡林浩特市	枯草期
190	羊草	*Leymus chinensis*(Trin.)Tzvel	内蒙古,锡林浩特市	枯草期
191	羊草	*Leymus chinensis*(Trin.)Tzvel	内蒙古,锡林浩特市	枯草期
192	羊草	*Leymus chinensis*(Trin.)Tzvel	内蒙古,锡林浩特市	枯草期
193	羊草	*Leymus chinensis*(Trin.)Tzvel	内蒙古,锡林浩特市	枯草期
194	羊草	*Leymus chinensis*(Trin.)Tzvel	内蒙古,锡林浩特市	枯草期
燕麦属 *Avena* sp. Linn.				
195	燕麦	*Avena sativa* L.	内蒙古,锡林浩特市	开花期
196	燕麦	*Avena sativa* L.	内蒙古,锡林浩特市	开花期
197	燕麦	*Avena sativa* L.	内蒙古,锡林浩特市	开花期
198	燕麦	*Avena sativa* L.	内蒙古,锡林浩特市	开花期—灌浆期
199	燕麦	*Avena sativa* L.	内蒙古,锡林浩特市	成熟期
200	燕麦	*Avena sativa* L.	内蒙古,锡林浩特市	成熟期
201	燕麦	*Avena sativa* L.	内蒙古,锡林浩特市	成熟期
202	燕麦	*Avena sativa* L.	内蒙古,镶黄旗	成熟期
203	燕麦	*Avena sativa* L.	内蒙古,锡林浩特市	完熟期,茎叶
204	燕麦	*Avena sativa* L.	内蒙古,锡林浩特市	完熟期,茎叶
205	燕麦	*Avena sativa* L.	内蒙古,锡林浩特市	完熟期,茎叶
206	燕麦	*Avena sativa* L.	内蒙古,锡林浩特市	完熟期,茎叶
207	燕麦	*Avena sativa* L.	内蒙古,锡林浩特市	完熟期,茎叶
208	燕麦	*Avena sativa* L.	内蒙古,锡林浩特市	完熟期,茎叶
209	燕麦	*Avena sativa* L.	内蒙古,锡林浩特市	完熟期,茎叶
210	燕麦	*Avena sativa* L.	内蒙古,锡林浩特市	完熟期
211	燕麦	*Avena sativa* L.	内蒙古,锡林浩特市	完熟期
212	燕麦	*Avena sativa* L.	内蒙古,锡林浩特市	完熟期
213	燕麦	*Avena sativa* L.	内蒙古,锡林浩特市	完熟期
214	燕麦	*Avena sativa* L.	内蒙古,锡林浩特市	完熟期
215	燕麦	*Avena sativa* L.	内蒙古,锡林浩特市	完熟期

（续表）

化学成分									营养价值			
水分（%）	干物质（%）	占绝对干物质比例（%）					钙（%）	磷（%）	可消化粗蛋白质（g/kg）	总能（Mcal/kg）	消化能（Mcal/kg）	代谢能（Mcal/kg）
		粗蛋白质	粗脂肪	粗纤维	无氮浸出物	粗灰分						
5.42	94.58	11.32	3.98	24.06	51.45	9.19			83	4.19	3.34	2.74
5.55	94.45	23.32	3.85	22.92	41.1	8.81			221	4.38	2.78	2.28
3.54	96.46	12.78	3.98	23.4	50.12	9.72			97	4.19	3.39	2.78
3.95	96.05	18.88	5.17	25.59	43.57	6.97			160	4.47	2.71	2.22
7.71	92.29	4.27	2.88	37.17	47.59	8.09	0.78	0.04	32	4.07	2.35	1.93
9.06	90.94	4.51	2.99	37.82	46.97	7.71	0.72	0.03	34	4.1	2.29	1.88
8	92.2	4.31	2.52	40.8	43.52	8.85	0.77	0.05	34	4.02	2.1	1.73
8.29	91.71	2.83	2.9	40.05	47.19	7.03	0.63	0.05	21	4.1	2.11	1.73
6.92	93.08	3.43	4.52	32.24	52.64	7.17	0.83	0.04	23	4.19	2.75	2.26
7.38	92.62	3.76	5.44	35.19	50.06	5.64	0.51	0.05	26	4.3	2.51	2.06
10.2	89.8	13.05	3.5	28.78	47.09	7.58			63	2.26	2.61	2.14
9	91	11.67	2.03	38.43	39.36	8.51			105	4.12	2.17	2.78
11.1	88.9	12.75	2.68	35.65	40.13	8.79			114	4.16	2.4	1.97
10	90	12.31	1.77	39.1	35.87	10.95			116	4.02	2.2	1.81
8.7	91.3	12.42	2.88	16.46	63.62	4.62			76	4.34	3.65	2.99
9.2	90.8	13.44	4.95	12.36	65.91	3.34			37	4.52	2.93	2.41
8.4	91.6	6.66	1.63	39.46	42.6	9.65			55	3.98	2.17	1.78
7.8	92.2	10.02	1.68	31.71	47.23	9.36			79	4.04	2.7	2.21
9.6	90.4	6.89	2	41.78	39.77	9.56			59	4.01	2.01	1.65
9.4	90.6	7.64	2.25	38.67	40.93	10.51			64	3.99	2.28	1.87
9.8	90.2	6.91	2.07	42.94	37.09	10.99			61	3.94	1.99	1.63
8.4	91.6	7.74	2.56	41.69	36.12	11.89			69	3.95	2.13	1.75
8.8	91.2	7.68	1.48	43.4	37.43	10.01			68	3.97	1.88	1.54
7.5	92.5	5.8	2.07	38.96	42.06	11.11			42	3.89	2.33	1.91
7.6	92.4	5.16	2.11	34.65	48.26	9.82			38	3.97	2.57	2.11
10	90	16.95	3.74	10.17	64.88	4.26			79	4.47	2.96	2.43
8.9	91.1	14.37	4.79	14.09	62.64	4.11			53	4.49	2.91	2.39
9.3	90.7	17.27	4.72	10.26	64.28	3.47			85	4.56	2.96	2.43
8.8	91.2	15.78	2.35	12.39	66.14	3.34			50	4.42	2.81	2.31
8.3	91.7	17.09	0.87	13.04	65.23	3.77			61	4.34	2.74	2.25
8.5	91.5	18.32	4.6	10.2	62.92	3.96			104	4.55	2.98	2.44

编号	植物名称	学名	样品来源	物候期与植物部位
216	燕麦	*Avena sativa* L.	内蒙古,锡林浩特市	完熟期
217	燕麦	*Avena sativa* L.	内蒙古,锡林浩特市	完熟期
218	燕麦	*Avena sativa* L.	内蒙古,锡林浩特市	完熟期
219	燕麦	*Avena sativa* L.	内蒙古,锡林浩特市	完熟期
220	燕麦	*Avena sativa* L.	内蒙古,锡林浩特市	完熟期,穗饼
221	燕麦	*Avena sativa* L.	内蒙古,锡林浩特市	完熟期
222	燕麦	*Avena sativa* L.	内蒙古,锡林浩特市	完熟期
223	燕麦	*Avena sativa* L.	内蒙古,锡林浩特市	完熟期
224	燕麦	*Avena sativa* L.	内蒙古,锡林浩特市	籽实
225	燕麦	*Avena sativa* L.	内蒙古,锡林浩特市	籽实
226	燕麦	*Avena sativa* L.	内蒙古,锡林浩特市	籽实
227	燕麦	*Avena sativa* L.	内蒙古,锡林浩特市	籽实
228	燕麦	*Avena sativa* L.	内蒙古,锡林浩特市	籽实
野古草属 *Arundinella* sp. Raddi				
229	野古草	*Arundinella hirta*(Thunb.)Tanaka.	内蒙古,锡林浩特市	灌浆期
䓣草属 *Beckmannia* Host.				
230	䓣草	*Beckmannia syzigachne* (Steud.) Fernald	内蒙古,锡林浩特市	开花期
孔颖草属 *Bothriochloa* Kuntze				
231	白羊草	*Bothriochloa ischaemum*(L.)Keng	内蒙古,锡林浩特市	结实期
雀麦属 *Bromus sp.* Linn.				
232	无芒雀麦	*Bromus inermis* Leyss.	内蒙古,锡林浩特市	拔节期
233	无芒雀麦	*Bromus inermis* Leyss.	内蒙古,锡林浩特市	拔节期
234	无芒雀麦	*Bromus inermis* Leyss.	内蒙古,锡林浩特市	孕穗期
235	无芒雀麦	*Bromus inermis* Leyss.	内蒙古,锡林浩特市	孕穗期
236	无芒雀麦	*Bromus inermis* Leyss.	内蒙古,锡林浩特市	抽穗期
237	无芒雀麦	*Bromus inermis* Leyss.	内蒙古,锡林浩特市	抽穗期
238	无芒雀麦	*Bromus inermis* Leyss.	内蒙古,锡林浩特市	抽穗期
239	无芒雀麦	*Bromus inermis* Leyss.	内蒙古,锡林浩特市	抽穗期
240	无芒雀麦	*Bromus inermis* Leyss.	内蒙古,锡林浩特市	开花期
241	无芒雀麦	*Bromus inermis* Leyss.	内蒙古,正蓝旗	开花期
242	无芒雀麦	*Bromus inermis* Leyss.	内蒙古,锡林浩特市	开花期

（续表）

化学成分									营养价值			
水分（%）	干物质（%）	占绝对干物质比例（%）					钙（%）	磷（%）	可消化粗蛋白质（g/kg）	总能（Mcal/kg）	消化能（Mcal/kg）	代谢能（Mcal/kg）
		粗蛋白质	粗脂肪	粗纤维	无氮浸出物	粗灰分						
8.5	91.5	19.94	4.98	9.92	60.54	4.71			142	4.56	3.02	2.48
8.3	91.7	16.52	2.78	11.31	66.01	3.38			62	4.45	2.85	2.34
8.9	91.1	5.89	2.17	35.76	46.18	10			45	3.98	4.49	2.04
10.3	89.7	6.08	2.23	43.49	36.84	11.36			53	3.93	1.98	1.62
8.9	91.1	14.94	3.15	16.59	62.52	2.8			46	4.47	2.71	2.23
8.9	91.1	27.19	0.64	5.88	63.2	3.09			240	4.51	2.84	2.33
7.5	92.5	17.87	4.04	11.72	63.74	2.63			85	4.57	2.86	2.35
8.7	91.3	16.22	3.92	11.96	64.06	3.84			69	4.49	2.91	2.39
10.19	89.81	18.13	3.87	2.92	72.69	2.39	0.2	0.35	75	4.57	3.07	2.52
11.04	88.96	14.44	4.16	14.24	63.05	4.11	0.53	0.23	51	4.46	2.88	2.36
11.51	88.49	14.73	2.17	16.85	62.1	4.15	0.53	0.35	46	4.36	2.72	2.23
11.25	88.75	16.19	2.68	16.85	60.98	3.3	0.16	0.33	62	4.44	2.7	2.22
11.85	88.15	15.05	2.46	13.82	65.34	3.33	0.16	0.38	43	4.41	2.78	2.28
6.6	93.4	5.15	1.93	31.43	56.66	4.86			33	4.17	2.59	2.13
5.72	94.28	14.7	3.74	35.89	39.6	6.07	0.38	0.28	86	4.36	2.36	1.96
6.88	93.12	13.72	2.36	31.12	42.04	10.76	0.72	0.29	85	4.08	2.63	2.16
10.31	89.69	16.67	2.86	29.25	39.47	11.75	0.69	0.28	141	4.11	2.73	2.24
11.22	88.78	12.33	3.08	29.62	44.4	10.57	0.57	0.25	102	4.1	2.94	2.41
8.16	91.84	11	2.81	32.26	42.98	11.04	0.74	0.2	92	4.05	2.77	2.27
6.9	94.1	18.11	3.28	35.34	33.56	9.77	0.54	0.22	165	4.23	2.49	2.05
8.4	91.6	13.88	3.41	29.96	44.61	8.14			78	4.24	2.6	2.13
8.09	91.91	18.55	2.55	30.23	37.83	10.84	0.43	0.36	170	4.16	2.64	2.17
7.72	92.28	15.36	2.29	33.88	37.36	11.11	0.47	0.34	115	4.08	2.56	2.1
8.3	91.7	17.57	2.52	32.17	36.81	10.93	0.43	0.25	154	4.14	2.6	2.13
7.5	92.5	13.45	2.44	30.4	45.85	7.86			66	4.2	2.53	2.08
6.66	93.4	10.75	2.33	28.83	52.8	5.29			79	4.26	2.76	2.26
8.56	91.44	9.86	2.48	41.11	38.55	8	0.32	0.15	88	4.14	1.99	1.63

编号	植物名称	学名	样品来源	物候期与植物部位
243	无芒雀麦	*Bromus inermis* Leyss.	内蒙古,锡林浩特市	开花期
244	无芒雀麦	*Bromus inermis* Leyss.	内蒙古,锡林浩特市	开花期
245	无芒雀麦	*Bromus inermis* Leyss.	内蒙古,锡林浩特市	开花期
246	无芒雀麦	*Bromus inermis* Leyss.	内蒙古,锡林浩特市	开花期,对照
247	无芒雀麦	*Bromus inermis* Leyss.	内蒙古,锡林浩特市	开花期,间播
248	无芒雀麦	*Bromus inermis* Leyss.	内蒙古,呼和浩特市	开花期
249	无芒雀麦	*Bromus inermis* Leyss.	内蒙古,呼和浩特市	开花期
250	无芒雀麦	*Bromus inermis* Leyss.	内蒙古,锡林浩特市	开花期,茎
251	无芒雀麦	*Bromus inermis* Leyss.	内蒙古,锡林浩特市	开花期,叶
252	无芒雀麦	*Bromus inermis* Leyss.	内蒙古,锡林浩特市	开花期,花序
253	无芒雀麦	*Bromus inermis* Leyss.	内蒙古,呼和浩特市	花末—乳熟
254	无芒雀麦	*Bromus inermis* Leyss.	内蒙古,呼和浩特市	花末—乳熟
255	无芒雀麦	*Bromus inermis* Leyss.	内蒙古,锡林浩特市	花谢期
256	无芒雀麦	*Bromus inermis* Leyss.	内蒙古,白银库伦牧场	结实期
257	无芒雀麦	*Bromus inermis* Leyss.	内蒙古,呼和浩特市	蜡熟期
258	无芒雀麦	*Bromus inermis* Leyss.	内蒙古,呼和浩特市	蜡熟期
259	无芒雀麦	*Bromus inermis* Leyss.	内蒙古,锡林浩特市	成熟期
260	无芒雀麦	*Bromus inermis* Leyss.	内蒙古,锡林浩特市	成熟期
261	无芒雀麦	*Bromus inermis* Leyss.	内蒙古,锡林浩特市	成熟期
262	无芒雀麦	*Bromus inermis* Leyss.	内蒙古,呼和浩特市	成熟期
263	无芒雀麦	*Bromus inermis* Leyss.	内蒙古,呼和浩特市	种子
264	无芒雀麦	*Bromus inermis* Leyss.	内蒙古,呼和浩特市	种子
265	无芒雀麦	*Bromus inermis* Leyss.	内蒙古,呼和浩特市	种子
266	无芒雀麦	*Bromus inermis* Leyss.	内蒙古,锡林浩特市	再生草,抽穗期
267	无芒雀麦	*Bromus inermis* Leyss.	内蒙古,锡林浩特市	再生草,抽穗期
268	无芒雀麦	*Bromus inermis* Leyss.	内蒙古,锡林浩特市	再生草,抽穗期
269	无芒雀麦	*Bromus inermis* Leyss.	内蒙古,锡林浩特市	再生草,抽穗期
270	沙地雀麦	*Bromus ircutensis* Rom.	内蒙古,正蓝旗	开花期
271	沙地雀麦	*Bromus ircutensis* Rom.	内蒙古,阿巴嘎旗	成熟期
272	雀麦	*Bromus japonicus* Thunb.	内蒙古,正蓝旗	开花期
273	雀麦	*Bromus japonicus* Thunb.	内蒙古,东乌珠穆沁旗	成熟期
274	雀麦	*Bromus japonicus* Thunb.	内蒙古,呼和浩特市	种子

（续表）

化学成分									营养价值			
水分（%）	干物质（%）	占绝对干物质比例（%）					钙（%）	磷（%）	可消化粗蛋白质（g/kg）	总能（Mcal/kg）	消化能（Mcal/kg）	代谢能（Mcal/kg）
		粗蛋白质	粗脂肪	粗纤维	无氮浸出物	粗灰分						
7.73	92.27	8.87	1.88	39.68	41.63	7.94	0.55	0.22	76	4.1	2.07	1.7
7.28	92.72	11.79	1.85	40.3	36.8	9.26	0.43	0.23	110	4.08	2.05	1.68
7.8	92.2	9.46	2.18	38.56	41.2	8.6	0.24	0.2	81	4.09	2.19	1.8
5.96	94.04	10.84	2.31	35.93	44.18	6.74	0.42	0.08	91	4.26	2.3	1.88
5.89	94.11	11.16	2.39	36.81	42.81	6.83	0.38	0.16	96	4.2	2.24	1.83
6.33	93.67	7.79	1.45	33.11	52.24	5.41	0.29	0.24	56	4.17	2.44	2.01
4.65	95.35	7.22	1.85	36.02	48.84	6.07	0.18	0.19	55	4.15	2.28	1.87
8.1	91.9	12.24	0.76	43.88	36.84	6.28			116	4.16	1.61	1.32
11.1	88.9	22.01	3.77	30.23	32.03	11.96			204	4.22	2.72	2.24
10.56	89.5	16.65	2.69	31.25	42.91	6.5			107	4.32	2.45	2.01
5.27	94.73	7	1.97	33.34	50.3	7.39	0.32	0.09	51	4.1	2.54	2.08
5.49	94.51	7.95	2.08	30.93	52.28	6.76	0.36	0.08	57	4.14	2.63	2.2
8.3	91.7	11.29	2.43	35.04	42.91	8.33			96	4.15	2.43	1.99
6.8	93.2	11.02	3	33.07	43.61	9.3			92	4.13	2.64	2.17
7.9	92.1	7.1	1.82	34.56	50.58	5.94	0.33	0.09	52	4.15	2.38	1.95
7.29	92.71	5.01	2.11	30.86	53.98	8.04	0.25	0.08	33	4.05	2.77	2.28
6.83	93.17	9.02	2.26	36.34	44.57	7.81	0.7	0.16	74	4.12	2.33	1.91
7.08	92.92	8.87	1.83	39.96	42.31	7.03	0.35	0.15	75	4.13	2.01	1.65
8.4	91.6	8.47	2.52	36.91	44.47	7.63	0.35	0.13	69	4.14	2.29	1.88
5.87	94.13	9.18	2	37.99	44.54	6.29	1.46	0.73	76	4.18	2.13	1.75
8.29	91.71	15.44	1.22	12.85	66.13	4.36	0.22	0.35	118	4.31	3	2.46
7.93	92.07	17.28	1.68	12.09	64.08	4.87	0.15	0.35	134	4.34	2.71	2.22
8.96	91.04	19.42	1.48	10.62	64.1	4.38	0.19	0.38	149	4.38	4.89	4.01
8.69	91.31	10.35	3.24	32.22	43.6	10.59	0.67	0.23	85	4.08	2.77	2.28
8	92	15.16	3.86	28.54	39.74	12.7	0.75	0.26	125	4.09	2.84	2.33
8.88	91.12	11.34	3.62	31.04	40.77	13.23	0.56	0.2	97	4	2.98	2.44
7.37	92.63	9.7	3.58	32.05	42.69	11.98	0.74	0.28	80	4.03	2.87	2.35
6.6	93.4	10.64	3.51	31.19	47.37	7.29			84	4.24	2.72	2.23
7.1	92.5	5.41	4.9	30.54	52.61	6.54			37	4.26	2.85	2.34
6.4	93.6	9.67	3.05	30.53	51.33	5.42			72	4.28	2.68	
7.6	92.4	3.98	1.35	38.49	50.94	5.24			28	4.11	2.08	1.7
8.53	91.47	14.21	1.09	13.87	64.75	6.08	0.19	0.43	110	4.21	3.28	2.7

编号	植物名称	学名	样品来源	物候期与植物部位
275	大穗雀麦	*Bromus lanceolatus* Roth.	内蒙古,锡林浩特市	开花期
276	大穗雀麦	*Bromus lanceolatus* Desf.	内蒙古,呼和浩特市	种子
277	耐酸草	*Bromus pumpellianus* Scribn.	内蒙古,锡林浩特市	开花期
278	耐酸草	*Bromus pumpellianus* Scribn.	内蒙古,呼和浩特市	开花期
279	耐酸草	*Bromus pumpellianus* Scribn.	内蒙古,锡林浩特市	花谢期
280	耐酸草	*Bromus pumpellianus* Scribn.	内蒙古,锡林浩特市	蜡熟期
281	耐酸草	*Bromus pumpellianus* Scribn.	内蒙古,呼和浩特市	成熟期
282	耐酸草	*Bromus pumpellianus* Scribn.	内蒙古,锡林浩特市	完熟期
283	耐酸草	*Bromus pumpellianus* Scribn.	内蒙古,锡林浩特市	再生草,抽穗期
284	耐酸草	*Bromus pumpellianus* Scribn.	内蒙古,锡林浩特市	再生草,开花期
285	耐酸草	*Bromus pumpellianus* Scribn.	内蒙古,锡林浩特市	再生草,成熟期
286	耐酸草	*Bromus pumpellianus* Scribn.	内蒙古,锡林浩特市	再生草,混合草
拂子茅属 *Calamagrostis* Adans.				
287	小叶樟	*Calamagrostis angustifolia* Kom.	内蒙古,呼伦贝尔市	盛花期
288	小叶樟	*Calamagrostis angustifolia* Kom.	内蒙古,东乌珠穆沁旗	成熟期
289	大叶樟	*Calamagrostis langsdorffii*(Link)Trin.	内蒙古,阿巴嘎旗	开花期
290	大叶樟	*Calamagrostis langsdorffii*(Link)Trin.	内蒙古,东乌珠穆沁旗	结实期
291	大叶樟	*Calamagrostis langsdorffii*(Link)Trin.	内蒙古,白银库伦牧场	成熟期
292	拂子茅	*Calamagrostis epigeios*(L.)Roth	内蒙古,白银库伦牧场	抽穗期
293	拂子茅	*Calamagrostis epigeios*(L.)Roth	内蒙古,正蓝旗	开花期
294	拂子茅	*Calamagrostis epigeios*(L.)Roth	内蒙古,白银库伦牧场	开花期
295	拂子茅	*Calamagrostis epigeios*(L.)Roth	内蒙古,锡林浩特市	灌浆期
296	拂子茅	*Calamagrostis epigeios*(L.)Roth	内蒙古,巴林右旗	成熟期
297	拂子茅	*Calamagrostis epigeios*(L.)Roth	内蒙古,东乌珠穆沁旗	成熟期
298	大拂子茅	*Calamagrostis macrolepis* Litv.	内蒙古,正蓝旗	抽穗期
299	大拂子茅	*Calamagrostis macrolepis* Litv.	内蒙古,东乌珠穆沁旗	成熟期
300	野青茅	*Calamagrostis arundinacea*(L.)Roth	内蒙古,东乌珠穆沁旗	开花期
301	野青茅	*Calamagrostis arundinacea*(L.)Roth	内蒙古,巴林右旗	成熟期
302	密花野青茅	*Calamagrostis conferta* (Keng) P. C Kuo et S.L.Lu	内蒙古,白银库伦牧场	结实期
虎尾草属 *Chloris* Sw.				
303	虎尾草	*Chloris virgata* Sw.	内蒙古,锡林浩特市	抽穗期

（续表）

化学成分									营养价值			
水分（%）	干物质（%）	占绝对干物质比例（%）					钙（%）	磷（%）	可消化粗蛋白质（g/kg）	总能（Mcal/kg）	消化能（Mcal/kg）	代谢能（Mcal/kg）
		粗蛋白质	粗脂肪	粗纤维	无氮浸出物	粗灰分						
8.39	91.61	11.64	1.99	34.65	42.74	8.98	0.43	0.28	100	4.1	2.46	2.02
8.32	91.68	12.53	0.93	14.88	65.99	5.67	0.34	0.5	96	4.2	3.58	2.94
8.24	91.76	12.79	2.79	37.7	40.27	6.45	0.43	0.09	115	4.27	2.15	1.71
6.26	93.74	10.97	3.29	31.62	46.79	7.33	0.5	0.08	88	4.23	2.68	2.2
7.7	92.3	9.31	2.77	38.66	41.12	8.14			80	4.14	2.19	1.8
7.6	92.4	8.42	2.73	38.38	42.24	8.23			71	4.12	2.22	1.82
6.41	93.59	9.06	2.92	30.34	46.62	11.06	0.61	0.1	70	4.02	2.93	2.41
7.3	92.7	8.33	3.21	35.55	43.28	9.63			68	4.09	2.51	2.06
8.76	91.24	18.54	3.5	32.54	33.52	11.9	0.79	0.1	136	4.16	2.67	2.19
8.53	91.47	7.48	3.11	34.03	46.51	8.87	0.75	0.05	58	4.1	2.59	2.13
8.6	91.4	9.15	4.55	28.65	45.81	11.84	1.07	0.09	71	4.08	3.16	2.59
9.32	90.68	7.98	3.28	34.95	43.37	10.42	0.96	0.02	65	4.05	2.59	2.13
6.58	93.42	7.35	1.39	40.06	45.21	5.99	0.29	0.17	59	4.13	1.96	1.61
7.5	92.5	2.7	1.52	33.42	56.91	5.45			17	4.09	2.48	2.03
7.6	92.4	7.02	1.26	38.98	45.54	7.2			56	4.07	2.09	1.71
6.7	93.3	5	2.05	35.33	51.08	6.54			35	4.11	2.38	1.95
7	93	4.49	1.4	31.6	56.53	5.98			29	4.09	2.61	2.14
7.2	92.8	7.09	2.3	39.29	43.22	8.1			58	4.09	2.14	1.76
7.1	92.9	6.92	2.81	33.05	51.89	5.33			49	4.23	2.51	2.06
7.9	92.1	8.47	2.07	35.85	44.98	8.63			68	4.07	2.4	1.97
7.1	92.9	7.56	2.12	23.29	57.96	9.07			48	4.04	3.35	2.75
6.31	93.69	3.69	2.23	34.55	51.45	8.08	0.12	0.11	25	4.03	2.52	2.07
6	94	5.36	1.91	35.91	48.86	7.96			39	4.05	2.39	1.96
7.1	92.9	9.01	2.17	32.51	47.98	8.33			69	4.1	2.63	2.16
6	94	5.46	1.85	38.33	46.16	8.2			42	4.03	2.22	1.82
6.7	93.3	9.09	1.3	36.19	45.12	8.3			74	4.06	2.32	1.9
6.72	93.28	5.54	1.99	44.76	42.84	4.87	0.27	0.09	46	4.18	1.61	1.32
6.7	93.3	5.32	1.59	34.2	52.88	6.01			37	4.11	2.42	1.99
7.2	92.8	17.65	2.41	24.02	43.95	11.97			151	4.09	2.86	2.34

编号	植物名称	学名	样品来源	物候期与植物部位
304	虎尾草	*Chloris virgata* Sw.	内蒙古,苏尼特左旗	成熟期
隐子草属 *Cleistogenes* Keng				
305	糙隐子草	*Cleistogenes squarrosa*(Trin.)Keng	内蒙古,阿巴哈纳尔旗	营养期
306	糙隐子草	*Cleistogenes squarrosa*(Trin.)Keng	内蒙古,锡林浩特市	营养期
307	糙隐子草	*Cleistogenes squarrosa*(Trin.)Keng	内蒙古,锡林浩特市	营养期
308	糙隐子草	*Cleistogenes squarrosa*(Trin.)Keng	内蒙古,锡林浩特市	营养期
309	糙隐子草	*Cleistogenes squarrosa*(Trin.)Keng	内蒙古,白银库伦牧场	拔节—抽穗期
310	糙隐子草	*Cleistogenes squarrosa*(Trin.)Keng	内蒙古,阿巴哈纳尔旗	抽穗期
311	糙隐子草	*Cleistogenes squarrosa*(Trin.)Keng	内蒙古,东乌珠穆沁旗	抽穗期
312	糙隐子草	*Cleistogenes squarrosa*(Trin.)Keng	内蒙古,巴林右旗	开花期
313	糙隐子草	*Cleistogenes squarrosa*(Trin.)Keng	内蒙古,苏尼特左旗	结实期
314	糙隐子草	*Cleistogenes squarrosa*(Trin.)Keng	内蒙古,锡林浩特市	成熟期
315	糙隐子草	*Cleistogenes squarrosa*(Trin.)Keng	内蒙古,乌兰察布盟	果后期
316	糙隐子草	*Cleistogenes squarrosa*(Trin.)Keng	内蒙古,锡林浩特市	枯草期
317	糙隐子草	*Cleistogenes squarrosa*(Trin.)Keng	内蒙古,锡林浩特市	枯草期
鸭茅属 *Dactylis* Linn.				
318	鸭茅	*Dactylis glomerata* L.	内蒙古,呼和浩特市	种子
319	鸭茅	*Dactylis glomerata* L.	内蒙古,锡林浩特市	开花期
披碱草属 *Elymus* Linn.				
320	披碱草	*Elymus dahuricus* (Turcz.)Nevski	内蒙古,锡林浩特市	分蘖期
321	披碱草	*Elymus dahuricus* (Turcz.)Nevski	内蒙古,锡林浩特市	孕穗期
322	披碱草	*Elymus dahuricus* (Turcz.)Nevski	内蒙古,正蓝旗	抽穗期
323	披碱草	*Elymus dahuricus* (Turcz.)Nevski	内蒙古,白银库伦牧场	抽穗期
324	披碱草	*Elymus dahuricus* (Turcz.)Nevski	内蒙古,白银库伦牧场	抽穗期
325	披碱草	*Elymus dahuricus* (Turcz.)Nevski	内蒙古,锡林浩特市	抽穗—开花期
326	披碱草	*Elymus dahuricus* (Turcz.)Nevski	内蒙古,锡林浩特市	抽穗期
327	披碱草	*Elymus dahuricus* (Turcz.)Nevski	内蒙古,锡林浩特市	抽穗期
328	披碱草	*Elymus dahuricus* (Turcz.)Nevski	内蒙古,锡林浩特市	抽穗期
329	披碱草	*Elymus dahuricus* (Turcz.)Nevski	内蒙古,锡林浩特市	抽穗期
330	披碱草	*Elymus dahuricus* (Turcz.)Nevski	内蒙古,锡林浩特市	抽穗期
331	披碱草	*Elymus dahuricus* (Turcz.)Nevski	内蒙古,呼伦贝尔市	抽穗—乳熟期
332	披碱草	*Elymus dahuricus* (Turcz.)Nevski	内蒙古,锡林浩特市	抽穗期

（续表）

化学成分									营养价值			
水分（%）	干物质（%）	占绝对干物质比例（%）					钙（%）	磷（%）	可消化粗蛋白质（g/kg）	总能（Mcal/kg）	消化能（Mcal/kg）	代谢能（Mcal/kg）
		粗蛋白质	粗脂肪	粗纤维	无氮浸出物	粗灰分						
6.7	93.3	10.98	1.78	25.94	51.17	10.13			81	4.03	3.15	2.58
7.3	92.7	17.82	1.73	27.93	45.36	7.16			121	4.26	2.52	2.07
6.63	93.37	18	2.7	19.21	52.41	7.35	0.4	0.24	127	4.31	2.8	2.3
6.83	93.14	13.15	2.22	27.18	50.32	7.13	0.54	0.23	54	4.21	2.58	2.12
6.47	93.53	10.77	2.38	32.89	46.8	7.16	0.47	0.23	86	4.18	2.54	2.09
6.9	93.1	8.89	3.25	27.81	54.1	5.95			62	4.25	2.92	2.4
6.9	93.1	12.65	1.5	30.24	48.76	6.85			101	4.18	2.67	2.19
7	93	9.91	2.25	30.31	51.88	5.65			73	4.23	2.67	2.19
6.11	93.89	8.78	1.82	43.85	39.53	6.29	0.5	0.15	78	4.17	1.68	1.38
7.1	92.9	12.15	2.34	26.82	51.09	7.6			92	4.18	2.99	2.45
7.1	92.9	9.18	1.85	27.49	54.85	6.63			64	4.16	2.91	2.39
6.61	93.39	7.3	2.48	31.14	51.26	7.82	0.84	0.1	52	4.11	2.74	2.25
6.59	93.41	5.12	2.13	34.29	50.24	8.22	0.72	0.06	37	4.04	2.53	2.08
7.58	92.42	4.2	1.67	31.53	58.38	4.22	0.4	0.06	26	4.17	2.56	2.1
7.77	92.23	18.38	1.99	19.07	52.39	8.17	0.56	0.33	137	4.24	4.31	3.54
7.49	92.51	10.21	2.6	41.22	34.77	11.2	0.31	0.21	102	3.7	2.43	1.99
4.83	95.17	15.03	5.61	20.84	45.59	12.93			127	4.17	3.13	2.57
7.3	92.7	11.24	2.31	32.12	42.56	11.77			95	3.99	2.78	2.28
7.3	92.7	11.02	2.02	31.72	45.06	10.18			90	4.04	2.74	2.25
6.7	93.3	10.39	2.33	29.57	48.99	8.72			80	4.11	2.85	2.34
7.5	92.5	7.92	2.3	30.12	52.61	7.05			56	4.11	2.77	2.27
6.8	93.2	8.48	2.17	28.2	52.65	8.5			60	4.08	2.96	2.43
7.05	92.95	12.74	2.74	35.12	39.07	10.36	0.85	0.25	115	4.16	2.5	2.06
8.91	91.09	11.05	2.17	39.08	42	5.7	0.38	0.21	96	4.24	2.01	1.65
9.31	90.69	13.54	3.14	25.53	44.71	13.08	0.68	0.2	94	4.02	2.91	2.39
7.13	92.87	9.97	1.38	41.62	38.98	8.05	0.35	0.17	89	4.08	1.9	1.56
6.9	93.1	8.94	2.09	39.72	39.27	9.98			78	4.02	2.16	1.78
7.22	92.78	9.56	1.43	40.14	41.71	7.16	0.63	0.17	82	4.12	1.98	1.63
8.2	89.35	14.94	2.67	29.61	41.36	11.42	0.43	0.25	107	4.08	2.71	2.22

编号	植物名称	学名	样品来源	物候期与植物部位
333	披碱草	*Elymus dahuricus* (Turcz.) Nevski	内蒙古,锡林浩特市	开花—乳熟期
334	披碱草	*Elymus dahuricus* (Turcz.) Nevski	内蒙古,锡林浩特市	开花期
335	披碱草	*Elymus dahuricus* (Turcz.) Nevski	内蒙古,锡林浩特市	开花期
336	披碱草	*Elymus dahuricus* (Turcz.) Nevski	内蒙古,锡林浩特市	开花后期
337	披碱草	*Elymus dahuricus* (Turcz.) Nevski	内蒙古,锡林浩特市	开花期
338	披碱草	*Elymus dahuricus* (Turcz.) Nevski	内蒙古,锡林浩特市	开花期
339	披碱草	*Elymus dahuricus* (Turcz.) Nevski	内蒙古,锡林浩特市	开花期
340	披碱草	*Elymus dahuricus* (Turcz.) Nevski	内蒙古,白银库伦牧场	结实期
341	披碱草	*Elymus dahuricus* (Turcz.) Nevski	内蒙古,锡林浩特市	乳熟期
342	披碱草	*Elymus dahuricus* (Turcz.) Nevski	内蒙古,巴林右旗	乳熟期
343	披碱草	*Elymus dahuricus* (Turcz.) Nevski	内蒙古,锡林浩特市	乳熟期
344	披碱草	*Elymus dahuricus* (Turcz.) Nevski	内蒙古,锡林浩特市	蜡熟期
345	披碱草	*Elymus dahuricus* (Turcz.) Nevski	内蒙古,锡林浩特市	成熟期
346	披碱草	*Elymus dahuricus* (Turcz.) Nevski	内蒙古,锡林浩特市	成熟期
347	披碱草	*Elymus dahuricus* (Turcz.) Nevski	内蒙古,阿巴嘎旗	成熟期
348	披碱草	*Elymus dahuricus* (Turcz.) Nevski	内蒙古,锡林浩特市	成熟期,脱粒后
349	披碱草	*Elymus dahuricus* (Turcz.) Nevski	内蒙古,锡林浩特市	成熟期
350	披碱草	*Elymus dahuricus* (Turcz.) Nevski	内蒙古,锡林浩特市	成熟期
351	披碱草	*Elymus dahuricus* (Turcz.) Nevski	内蒙古,锡林浩特市	完熟期
352	披碱草	*Elymus dahuricus* (Turcz.) Nevski	内蒙古,锡林浩特市	种子
353	披碱草	*Elymus dahuricus* (Turcz.) Nevski	内蒙古,锡林浩特市	再生草,抽穗期
354	披碱草	*Elymus dahuricus* (Turcz.) Nevski	内蒙古,锡林浩特市	再生草,抽穗期
355	披碱草	*Elymus dahuricus* (Turcz.) Nevski	内蒙古,锡林浩特市	再生草,抽穗期
356	披碱草	*Elymus dahuricus* (Turcz.) Nevski	内蒙古,锡林浩特市	再生草,抽穗期
357	披碱草	*Elymus dahuricus* (Turcz.) Nevski	内蒙古,锡林浩特市	再生草,开花期
358	披碱草	*Elymus dahuricus* (Turcz.) Nevski	内蒙古,锡林浩特市	再生草,开花期
359	披碱草	*Elymus dahuricus* (Turcz.) Nevski	内蒙古,锡林浩特市	施脱氟磷肥
360	披碱草	*Elymus dahuricus* (Turcz.) Nevski	内蒙古,锡林浩特市	施过磷酸钙
361	披碱草	*Elymus dahuricus* (Turcz.) Nevski	内蒙古,锡林浩特市	施偏磷酸钙
362	披碱草	*Elymus dahuricus* (Turcz.) Nevski	内蒙古,锡林浩特市	施钙镁磷肥
363	披碱草	*Elymus dahuricus* (Turcz.) Nevski	内蒙古,锡林浩特市	施过磷酸钙
364	肥披碱草	*Elymus excelsus* Turcz.	内蒙古,锡林浩特市	拔节期

（续表）

化学成分									营养价值			
水分（%）	干物质（%）	占绝对干物质比例（%）					钙（%）	磷（%）	可消化粗蛋白质（g/kg）	总能（Mcal/kg）	消化能（Mcal/kg）	代谢能（Mcal/kg）
		粗蛋白质	粗脂肪	粗纤维	无氮浸出物	粗灰分						
6.4	93.6	8.35	1.93	31.58	47.51	10.63			64	3.98	2.79	2.29
8.04	91.96	10.6	2.24	37.17	39.12	10.87	0.33	0.26	94	4.02	2.38	1.95
8.8	91.2	9.72	1.36	39.3	41.88	7.74	0.54	0.2	84	4.09	2.06	1.69
7.74	92.26	6.44	1.73	41.37	44.03	6.43	0.35	0.28	52	4.12	1.9	1.56
8.45	91.55	15.9	3.67	31.35	39.23	9.85	0.47	0.33	122	4.22	2.63	2.16
7.2	92.8	7.4	1.78	40.5	41.82	8.5			62	4.05	2.05	1.68
8.71	88.56	10.7	4.48	33.61	43.27	9.94	0.34	0.21	89	4.07	2.61	2.14
6.8	93.2	7.37	1.66	31.75	52.22	6.98			52	4.1	2.62	2.15
7.3	92.7	6.81	1.7	45.13	39.63	6.73			59	4.11	1.64	1.34
7.62	92.38	5.59	1.59	41.05	44.68	7.09	0.16	0.12	44	4.07	1.96	1.61
8.89	91.11	9.64	2.11	31.05	49.9	7.3	0.48	0.12	73	4.15	2.68	2.2
7.5	92.5	4.99	1.66	46.78	39.88	6.69			43	4.08	1.53	1.26
7.44	92.56	11.07	2.5	35.02	39.87	11.54	0.44	0.19	97	4.01	2.57	2.11
9	91	6.15	1.73	36.84	48.9	6.38	0.29	0.22	46	4.11	2.24	1.84
7.2	92.8	9.04	1.89	34.27	46.14	8.66			72	4.07	2.5	2.05
10.1	89.9	5.08	2.53	47.52	39.18	5.69			44	4.17	1.47	1.21
8.23	90.66	9.35	3.12	41.75	37.56	8.22	0.31	0.19	84	4.16	1.98	1.63
8.1	91.9	2.28	1.72	32.11	55.87	8.02			14	3.99	2.69	2.21
7.1	92.9	6.4	1.85	39.62	46.33	5.8			50	4.15	2.01	1.65
8.34	91.66	15.24	2.18	13.78	64.27	4.53	0.22	0.4	119	4.35	3.12	2.56
8.64	91.36	10.75	2.66	36.95	38.62	11.02	0.42	0.24	196	4.04	2.42	1.98
7.24	90.76	7.12	2.62	29.27	53.17	7.82	0.33	0.27	49	4.11	2.88	2.37
9.89	90.11	12.29	2.33	29.83	46.52	9.03	0.4	0.32	100	4.13	2.83	2.32
9.9	90.1	19.14	3.36	25.26	37.29	14.95	0.59	0.23	185	4.03	2.98	2.45
8.95	91.05	17.78	4.18	24.99	40.3	12.75	0.63	0.18	173	4.15	2.94	2.41
8.84	91.16	17.43	3.49	25.84	37.97	15.27	0.67	0.22	169	4	3.99	2.46
5.76	94.24	13.38	4.81	21.56	48.94	11.31			87	4.18	3.02	2.48
6.07	93.93	15.88	5.14	21.29	45.48	12.21			135	4.19	3.06	2.52
6.97	93.03	15.19	5.71	19.81	47.42	11.87			123	4.23	3.12	2.56
6.32	93.68	18.22	5.44	19.29	45.37	11.68			176	4.27	3.1	2.54
5.31	94.69	17.19	5.33	19.72	46.13	11.63			155	4.25	3.08	2.53
6.9	93.1	13.75	2.09	35.93	36.65	11.58			93	4.03	2.53	2.07

编号	植物名称	学名	样品来源	物候期与植物部位
365	肥披碱草	*Elymus excelsus* Turcz.	内蒙古,白银库伦牧场	抽穗期
366	肥披碱草	*Elymus excelsus* Turcz.	内蒙古,白银库伦牧场	抽穗期
367	肥披碱草	*Elymus excelsus* Turcz.	内蒙古,白银库伦牧场	抽穗期
368	肥披碱草	*Elymus excelsus* Turcz.	内蒙古,锡林浩特市	抽穗期
369	肥披碱草	*Elymus excelsus* Turcz.	内蒙古,锡林浩特市	抽穗期
370	肥披碱草	*Elymus excelsus* Turcz.	内蒙古,锡林浩特市	抽穗期
371	肥披碱草	*Elymus excelsus* Turcz.	内蒙古,锡林浩特市	开花期
372	肥披碱草	*Elymus excelsus* Turcz.	内蒙古,阿巴嘎旗	开花期
373	肥披碱草	*Elymus excelsus* Turcz.	内蒙古,锡林浩特市	开花期
374	肥披碱草	*Elymus excelsus* Turcz.	内蒙古,锡林浩特市	开花期
375	肥披碱草	*Elymus excelsus* Turcz.	内蒙古,锡林浩特市	灌浆期
376	肥披碱草	*Elymus excelsus* Turcz.	内蒙古,锡林浩特市	乳熟期
377	肥披碱草	*Elymus excelsus* Turcz.	内蒙古,锡林浩特市	蜡熟期
378	肥披碱草	*Elymus excelsus* Turcz.	内蒙古,锡林浩特市	蜡熟期
379	肥披碱草	*Elymus excelsus* Turcz.	内蒙古,锡林浩特市	成熟期
380	肥披碱草	*Elymus excelsus* Turcz.	内蒙古,锡林浩特市	成熟期
381	肥披碱草	*Elymus excelsus* Turcz.	内蒙古,锡林浩特市	完熟期
382	肥披碱草	*Elymus excelsus* Turcz.	内蒙古,锡林浩特市	再生草,抽穗期
383	肥披碱草	*Elymus excelsus* Turcz.	内蒙古,锡林浩特市	再生草,开花期
384	肥披碱草	*Elymus excelsus* Turcz.	内蒙古,锡林浩特市	再生草
385	肥披碱草	*Elymus excelsus* Turcz.	内蒙古,呼和浩特市	种子
386	圆柱披碱草	*Elymus cylindricus* (Franch.) Honda	内蒙古,正蓝旗	抽穗期
387	圆柱披碱草	*Elymus cylindricus* (Franch.) Honda	内蒙古,白银库伦牧场	结实期
388	垂穗披碱草	*Elymus nutans* Griseb.	内蒙古,锡林浩特市	抽穗期
389	垂穗披碱草	*Elymus nutans* Griseb.	内蒙古,锡林浩特市	开花期
390	垂穗披碱草	*Elymus nutans* Griseb.	内蒙古,锡林浩特市	开花期
391	垂穗披碱草	*Elymus nutans* Griseb.	内蒙古,锡林浩特市	成熟期
392	垂穗披碱草	*Elymus nutans* Griseb.	内蒙古,锡林浩特市	成熟期
393	垂穗披碱草	*Elymus nutans* Griseb.	内蒙古,锡林浩特市	再生草,抽穗期
394	垂穗披碱草	*Elymus nutans* Griseb.	内蒙古,锡林浩特市	再生草,开花期
395	垂穗披碱草	*Elymus nutans* Griseb.	内蒙古,锡林浩特市	开花期,茎
396	垂穗披碱草	*Elymus nutans* Griseb.	内蒙古,锡林浩特市	开花期,叶

（续表）

化学成分									营养价值			
水分（%）	干物质（%）	占绝对干物质比例（%）					钙（%）	磷（%）	可消化粗蛋白质（g/kg）	总能（Mcal/kg）	消化能（Mcal/kg）	代谢能（Mcal/kg）
		粗蛋白质	粗脂肪	粗纤维	无氮浸出物	粗灰分						
6.2	93.8	8.33	2.55	34.59	45.5	9.03			66	4.08	2.53	2.07
6	94	7.2	2.3	32.41	47.8	10.29			54	4	2.74	2.25
7.9	92.1	6.42	1.91	27.07	56.49	8.11			41	4.06	3.03	2.49
9.87	90.13	15.4	2.03	35.11	38.24	9.22	0.2	0.16	104	4.15	2.44	2
8.7	91.3	12.02	1.93	39.42	37.23	9.4			111	4.09	2.12	1.74
8.41	91.59	10.27	2.45	35.69	44.81	6.78	0.45	0.15	85	4.2	2.33	1.91
7.53	92.74	7	1.6	42.04	39.77	9.59	0.23	0.11	66	4.1	2.08	1.71
7.9	92.1	8.11	1.37	38.2	43.72	8.6			67	4.03	2.2	1.8
7.2	92.8	9.37	1.8	46.68	34.38	7.77			89	4.11	1.54	1.27
7.46	92.54	8.68	2.29	35	47.13	6.9	0.47	0.12	68	4.16	2.39	1.96
8.79	91.21	6.25	1.82	46.52	37.33	8.08	0.55	0.01	58	4.24	2.55	2.09
7	93	8.86	1.69	45.93	35.69	7.83			82	4.09	1.6	1.31
7.9	92.1	8.4	1.96	36.26	45.99	7.45			67	4.12	2.32	1.9
7.99	92.01	14.72	2.85	32.47	36.82	13.14	0.51	0.21	118	4.02	2.71	2.23
8.1	91.09	4.97	1.63	41.99	45.13	6.28			39	4.1	1.86	1.53
9.01	90.99	12.29	3.38	23.89	44.88	15.56	0.62	0.29	98	3.91	3.58	2.94
9.06	90.94	12.71	3.56	25.44	49.29	9	0.52	0.03	98	4.2	3.2	2.62
8.87	91.13	10.99	3.56	27.32	44.37	13.76	0.36	0.12	88	3.97	3.27	2.69
8.82	91.18	16.97	2.57	18.29	56.61	5.56	0.26	0.5	147	4.35	3.02	2.48
7	93	8.96	1.83	33.45	46.79	8.97			70	4.05	2.57	2.11
6.3	93.7	5.6	1.63	36.99	46.87	8.91			43	3.99	2.33	1.92
8.32	91.68	19.28	2.7	30.04	37.79	10.19	0.43	0.29	181	4.2	2.62	2.15
8.5	91.5	12.62	2.52	36.23	38.87	9.76	0.36	0.86	114	4.11	2.39	1.96
7.4	92.6	12.68	3.09	29.07	44.1	11.06			106	4.09	3	2.46
8.2	91.8	6.27	2.72	32.32	51.66	7.13			44	4.14	2.64	2.17
8.23	91.77	9.35	3.12	41.75	37.56	8.22	0.31	0.19	74	3.02	5.09	4.18
8.11	90.46	14.34	3.53	31.4	38.62	12.11	0.59	0.23	109	4.09	2.73	2.24
7.3	90.12	13.09	3.9	30.16	41.45	11.4	0.55	0.2	87	4.12	2.75	2.26
8.7	91.3	6.61	0.92	50.79	37.14	4.54			60	4.16	1.1	0.9
7.6	92.4	14.36	4.26	34.28	34.82	12.28			117	4.12	2.69	2.21
11	89	14.76	2.62	21.49	55	6.13			65	4.3	2.7	2.22
7.5	92.5	17.1	3.32	30.54	39.14	9.9	0.51	0.28	141	4.21	2.64	2.16

编号	植物名称	学名	样品来源	物候期与植物部位
397	垂穗披碱草	*Elymus nutans* Griseb.	内蒙古,锡林浩特市	开花期,花序
398	短芒披碱草	*Elymus breuiaristatus*(Keng) Keng	内蒙古,锡林浩特市	当年生
399	麦宾草	*Elymus tangutorum* Nevski.	内蒙古,白银库伦牧场	抽穗期
400	麦宾草	*Elymus tangutorum* Nevski.	内蒙古,锡林浩特市	抽穗期
401	麦宾草	*Elymus tangutorum* Nevski.	内蒙古,锡林浩特市	开花期
402	麦宾草	*Elymus tangutorum* Nevski.	内蒙古,白银库伦牧场	结实期
403	麦宾草	*Elymus tangutorum* Nevski.	内蒙古,锡林浩特市	成熟期
404	麦宾草	*Elymus tangutorum* Nevski.	内蒙古,锡林浩特市	再生草,抽穗期
405	麦宾草	*Elymus tangutorum* Nevski.	内蒙古,锡林浩特市	再生草,开花期
406	老芒麦	*Elymus sibiricus* Linn	内蒙古,锡林浩特市	拔节期
407	老芒麦	*Elymus sibiricus* Linn	内蒙古,锡林浩特市	拔节期
408	老芒麦	*Elymus sibiricus* Linn	内蒙古,锡林浩特市	孕穗期
409	老芒麦	*Elymus sibiricus* Linn	内蒙古,锡林浩特市	孕穗期
410	老芒麦	*Elymus sibiricus* Linn	内蒙古,白银库伦牧场	抽穗初期
411	老芒麦	*Elymus sibiricus* Linn	内蒙古,白银库伦牧场	抽穗初期
412	老芒麦	*Elymus sibiricus* Linn	内蒙古,锡林浩特市	抽穗—灌浆期
413	老芒麦	*Elymus sibiricus* Linn	内蒙古,锡林浩特市	抽穗—灌浆期
414	老芒麦	*Elymus sibiricus* Linn	内蒙古,锡林浩特市	抽穗—灌浆期
415	老芒麦	*Elymus sibiricus* Linn	内蒙古,锡林浩特市	抽穗期
416	老芒麦	*Elymus sibiricus* Linn	内蒙古,锡林浩特市	抽穗期
417	老芒麦	*Elymus sibiricus* Linn	内蒙古,锡林浩特市	抽穗期
418	老芒麦	*Elymus sibiricus* Linn	内蒙古,锡林浩特市	抽穗期
419	老芒麦	*Elymus sibiricus* Linn	内蒙古,锡林浩特市	抽穗期
420	老芒麦	*Elymus sibiricus* Linn	内蒙古,锡林浩特市	抽穗期
421	老芒麦	*Elymus sibiricus* Linn	内蒙古,锡林浩特市	抽穗期
422	老芒麦	*Elymus sibiricus* Linn	内蒙古,锡林浩特市	抽穗期
423	老芒麦	*Elymus sibiricus* Linn	内蒙古,锡林浩特市	抽穗期
424	老芒麦	*Elymus sibiricus* Linn	内蒙古,达尔罕茂明安联合镇	抽穗期
425	老芒麦	*Elymus sibiricus* Linn	内蒙古,锡林浩特市	开花期
426	老芒麦	*Elymus sibiricus* Linn	内蒙古,锡林浩特市	开花期
427	老芒麦	*Elymus sibiricus* Linn	内蒙古,锡林浩特市	开花期
428	老芒麦	*Elymus sibiricus* Linn	内蒙古,锡林浩特市	开花期

（续表）

化学成分									营养价值			
水分（%）	干物质（%）	占绝对干物质比例（%）					钙（%）	磷（%）	可消化粗蛋白质（g/kg）	总能（Mcal/kg）	消化能（Mcal/kg）	代谢能（Mcal/kg）
		粗蛋白质	粗脂肪	粗纤维	无氮浸出物	粗灰分						
7.1	92.9	6.72	1.84	35.4	47.75	8.29			51	4.05	2.42	1.99
7.71	92.29	14.79	1.87	37.64	35.22	10.48	0.47	0.33	104	4.08	2.42	1.99
7.27	92.73	10.18	1.94	38.01	40.69	9.18	0.39	0.21	89	4.07	2.24	1.84
6.1	93.9	6.5	2.11	33.67	51.02	6.7			47	4.13	2.5	2.05
7.3	92.7	8.55	2	40.52	39.48	9.45	0.55	0.15	75	4.04	2.08	1.71
7.32	92.68	10.6	3.31	32.27	41.96	11.86	0.66	0.24	89	4.03	2.82	2.32
7.89	92.11	16.64	2.94	25.71	41.73	13	0.78	0.26	145	4.06	2.88	2.36
8.62	91.38	11.6	2.33	30.94	45.56	9.57	0.55	0.16	95	4.09	2.77	2.28
9.36	90.64	12.27	2.52	30.78	43.41	11.02	0.6	0.24	103	4.05	2.85	2.34
8.8	91.2	11.54	2.68	36.32	39.98	9.48			102	4.11	2.39	1.96
7.29	92.71	18.39	3.27	33.1	36.58	8.66	0.59	0.26	160	4.28	2.51	2.06
7.6	92.4	10.5	2.89	27.39	51.24	7.88			78	4.18	2.99	2.46
7.56	92.44	4.5	1.65	43.63	40.54	9.68	0.55	0.26	37	3.95	1.89	1.55
8.46	91.54	7.67	2.52	33.08	49.75	6.98	0.39	0.18	57	4.15	2.56	2.1
6.7	93.3	9.88	3.18	28.13	49.28	9.53			74	4.11	3.03	2.49
7.98	92.02	11.55	2.89	30.19	44.92	10.45	0.71	0.17	94	4.08	2.89	2.37
8.24	91.76	14.59	3.06	28.78	43.19	10.38	0.63	0.22	98	4.14	2.7	2.22
8.55	91.45	11.73	2.44	35.32	41.68	8.83	0.28	0.2	102	4.13	2.42	1.99
8.68	91.32	15.51	2.84	34.21	34.54	12.9	0.63	0.31	133	4.04	2.65	2.18
7.36	92.64	18.28	2.66	31.61	36.78	10.67	1.01	0.32	166	4.16	2.61	2.14
7.66	92.34	13.7	3.05	32.27	39.12	11.86	0.63	0.32	96	4.07	2.68	2.2
7.66	92.34	14.37	1.81	32.26	41.52	10.04	0.55	0.25	89	4.09	2.55	2.09
7.54	92.46	13.38	2.41	33.98	38.77	11.46	0.93	0.28	104	4.1	2.08	1.71
9.51	90.49	10.25	1.76	35.19	42.79	10.01	0.3	0.25	86	4.02	2.47	2.03
8.49	91.51	10.26	2.5	34.2	43.89	9.15	0.36	0.23	85	4.1	2.54	2.08
8.2	91.8	7.66	2.25	35.59	47.38	7.12	0.32	0.16	59	4.13	2.37	1.94
7.2	88.56	11.34	2.2	31.74	45.75	8.97			92	4.11	2.69	2.21
8.58	91.42	6.39	1.62	37.24	48.72	6.03	0.2	0.09	48	4.13	2.19	1.8
8.53	91.47	10.55	2.86	27.45	48.59	10.55	0.63	0.16	80	4.06	3.11	2.55
7	93	9.27	2.98	31.86	52.21	3.68			68	4.34	2.51	2.06
7.2	92.8	9.86	2.97	26.91	51.56	8.7			72	4.14	3.08	2.53
7.4	92.6	8.05	2.41	28.81	51.87	8.86			57	4.07	2.94	2.41

编号	植物名称	学名	样品来源	物候期与植物部位
429	老芒麦	*Elymus sibiricus* Linn	内蒙古,锡林浩特市	开花期
430	老芒麦	*Elymus sibiricus* Linn	内蒙古,锡林浩特市	盛花期
431	老芒麦	*Elymus sibiricus* Linn	内蒙古,锡林浩特市	开花期
432	老芒麦	*Elymus sibiricus* Linn	内蒙古,锡林浩特市	开花期
433	老芒麦	*Elymus sibiricus* Linn	内蒙古,锡林浩特市	开花期
434	老芒麦	*Elymus sibiricus* Linn	内蒙古,锡林浩特市	开花期
435	老芒麦	*Elymus sibiricus* Linn	内蒙古,锡林浩特市	开花期
436	老芒麦	*Elymus sibiricus* Linn	内蒙古,锡林浩特市	开花期
437	老芒麦	*Elymus sibiricus* Linn	内蒙古,锡林浩特市	开花期
438	老芒麦	*Elymus sibiricus* Linn	内蒙古,锡林浩特市	开花期
439	老芒麦	*Elymus sibiricus* Linn	内蒙古,锡林浩特市	开花期
440	老芒麦	*Elymus sibiricus* Linn	内蒙古,锡林浩特市	开花期,茎
441	老芒麦	*Elymus sibiricus* Linn	内蒙古,锡林浩特市	开花期,叶
442	老芒麦	*Elymus sibiricus* Linn	内蒙古,锡林浩特市	开花期,花序
443	老芒麦	*Elymus sibiricus* Linn	内蒙古,锡林浩特市	开花期,茎
444	老芒麦	*Elymus sibiricus* Linn	内蒙古,锡林浩特市	开花期,叶
445	老芒麦	*Elymus sibiricus* Linn	内蒙古,锡林浩特市	开花期,花序
446	老芒麦	*Elymus sibiricus* Linn	内蒙古,锡林浩特市	花谢期
447	老芒麦	*Elymus sibiricus* Linn	内蒙古,锡林浩特市	开花期(对照)
448	老芒麦	*Elymus sibiricus* Linn	内蒙古,锡林浩特市	开花期(间播)
449	老芒麦	*Elymus sibiricus* Linn	内蒙古,锡林浩特市	开花期
450	老芒麦	*Elymus sibiricus* Linn	内蒙古,锡林浩特市	开花期
451	老芒麦	*Elymus sibiricus* Linn	内蒙古,锡林浩特市	初花期
452	老芒麦	*Elymus sibiricus* Linn	内蒙古,白银库伦牧场	结实期
453	老芒麦	*Elymus sibiricus* Linn	内蒙古,锡林浩特市	乳熟期
454	老芒麦	*Elymus sibiricus* Linn	内蒙古,锡林浩特市	乳熟期
455	老芒麦	*Elymus sibiricus* Linn	内蒙古,锡林浩特市	乳熟期
456	老芒麦	*Elymus sibiricus* Linn	内蒙古,锡林浩特市	乳熟期
457	老芒麦	*Elymus sibiricus* Linn	内蒙古,巴林右旗	乳熟期
458	老芒麦	*Elymus sibiricus* Linn	内蒙古,锡林浩特市	蜡熟期
459	老芒麦	*Elymus sibiricus* Linn	内蒙古,锡林浩特市	蜡熟期
460	老芒麦	*Elymus sibiricus* Linn	内蒙古,锡林浩特市	蜡熟期

（续表）

化学成分									营养价值			
水分（%）	干物质（%）	占绝对干物质比例（%）					钙（%）	磷（%）	可消化粗蛋白质（g/kg）	总能（Mcal/kg）	消化能（Mcal/kg）	代谢能（Mcal/kg）
		粗蛋白质	粗脂肪	粗纤维	无氮浸出物	粗灰分						
6	94	9.45	3.44	26.84	50.14	10.13			69	4.1	3.17	2.6
7.3	92.7	8.52	3.25	26.27	52.6	9.36			60	4.1	3.18	2.61
6.81	93.19	12.8	2.41	34.62	39.77	10.4	0.39	0.24	114	4.08	2.53	2.08
7.52	92.48	10.68	2.3	38.72	38.43	9.87	0.51	0.32	96	4.07	2.22	1.83
8.29	91.71	10.33	2.2	36.06	41.2	10.21	0.51	0.22	89	4.04	2.43	2
6.92	93.08	14.57	1.81	35.68	38.4	9.54	0.54	0.25	92	4.11	2.43	2
7.78	92.22	11.23	2.41	40.29	36.73	9.34	0.47	0.31	104	4.1	2.08	1.71
9.58	90.42	10.76	2.31	37.81	39.91	9.21	0.28	0.24	95	4.09	2.26	1.86
8.27	91.73	7.09	2.24	37.69	43.33	9.65	0.28	0.28	57	4.01	2.32	1.91
8.76	91.24	6	1.72	39.76	44.84	7.68	0.28	0.16	48	4.06	2.08	1.71
4.8	95.2	19.54	3	26.38	39.56	11.52			194	4.17	2.79	2.29
9.6	90.4	4.66	0.72	41.19	46.92	6.51			36	4.03	1.9	1.56
10.4	89.6	11.13	4.11	30.64	39.55	14.57			96	3.97	3.09	2.53
10.7	89.3	27.64	2.81	31.38	32.45	5.72			246	4.52	2.36	1.94
10.8	89.2	6.46	0.62	42.57	45.24	5.11			52	4.11	1.71	1.41
10.4	89.6	16.04	3.92	27.8	39.9	12.34			138	4.13	2.84	2.33
11.5	88.5	14.98	2.81	33.84	41.34	7.03			88	4.28	2.41	1.98
6.5	90.66	7.33	2.02	35.61	48.23	6.81			56	4.13	2.35	1.93
5.13	94.87	8.98	2.54	37.91	43.27	6.3	0.38	0.14	75	4.16	2.2	1.81
6.24	93.76	12.61	2.81	36.51	40.58	7.49	0.58	0.19	113	4.22	2.29	1.88
10.55	89.45	13.76	3.4	29.46	40.94	12.44	0.65	0.21	99	4.06	2.79	2.29
10.54	89.46	14.22	3.24	28.64	41.08	12.82	0.65	0.22	107	4.04	2.82	2.32
7.5	92.5	11.37	2.32	33.65	44.8	7.86			94	4.16	2.52	2.06
6.7	93.3	6.54	1.99	31.68	51.73	8.06			46	4.06	2.69	2.21
6.8	93.2	9.58	3.4	24.69	52.08	10.25			68	4.09	3.33	2.73
9.42	90.85	7.4	1.96	41.69	41.03	7.87	0.18	0.25	63	4.08	1.94	1.59
9.19	90.81	4.6	1.96	39.87	45.95	7.62	0.2	0.22	35	4.05	2.09	1.72
7	91.47	7.87	2.6	35.86	46.37	7.3			62	4.15	2.37	1.94
7.71	92.29	6.84	2.21	33.43	51.64	5.88	0.27	0.11	49	4.17	2.48	2.04
7.5	93.24	6.92	2.08	41.26	42.35	7.39			58	4.1	1.96	1.61
8.4	91.6	10.92	3.32	26.39	48.47	10.9	0.55	0.14	83	4.08	3.21	2.64
7.8	92.2	11.35	3.12	28.86	44.7	11.97	0.55	0.15	92	4.03	3.06	2.51

编号	植物名称	学名	样品来源	物候期与植物部位
461	老芒麦	*Elymus sibiricus* Linn	内蒙古,锡林浩特市	蜡熟期
462	老芒麦	*Elymus sibiricus* Linn	内蒙古,锡林浩特市	成熟期
463	老芒麦	*Elymus sibiricus* Linn	内蒙古,锡林浩特市	成熟期
464	老芒麦	*Elymus sibiricus* Linn	内蒙古,锡林浩特市	成熟期
465	老芒麦	*Elymus sibiricus* Linn	内蒙古,锡林浩特市	成熟期
466	老芒麦	*Elymus sibiricus* Linn	内蒙古,锡林浩特市	成熟期
467	老芒麦	*Elymus sibiricus* Linn	内蒙古,锡林浩特市	成熟期
468	老芒麦	*Elymus sibiricus* Linn	内蒙古,锡林浩特市	成熟期
469	老芒麦	*Elymus sibiricus* Linn	内蒙古,锡林浩特市	成熟期
470	老芒麦	*Elymus sibiricus* Linn	内蒙古,锡林浩特市	成熟期
471	老芒麦	*Elymus sibiricus* Linn	内蒙古,锡林浩特市	成熟期
472	老芒麦	*Elymus sibiricus* Linn	内蒙古,锡林浩特市	成熟期
473	老芒麦	*Elymus sibiricus* Linn	内蒙古,锡林浩特市	成熟期
474	老芒麦	*Elymus sibiricus* Linn	内蒙古,锡林浩特市	成熟期
475	老芒麦	*Elymus sibiricus* Linn	内蒙古,锡林浩特市	成熟期
476	老芒麦	*Elymus sibiricus* Linn	内蒙古,锡林浩特市	成熟期
477	老芒麦	*Elymus sibiricus* Linn	内蒙古,锡林浩特市	成熟期
478	老芒麦	*Elymus sibiricus* Linn	内蒙古,锡林浩特市	成熟期
479	老芒麦	*Elymus sibiricus* Linn	内蒙古,锡林浩特市	成熟期
480	老芒麦	*Elymus sibiricus* Linn	内蒙古,锡林浩特市	成熟期
481	老芒麦	*Elymus sibiricus* Linn	内蒙古,锡林浩特市	成熟期
482	老芒麦	*Elymus sibiricus* Linn	内蒙古,锡林浩特市	成熟期
483	老芒麦	*Elymus sibiricus* Linn	内蒙古,锡林浩特市	成熟期
484	老芒麦	*Elymus sibiricus* Linn	内蒙古,锡林浩特市	成熟期
485	老芒麦	*Elymus sibiricus* Linn	内蒙古,锡林浩特市	成熟期
486	老芒麦	*Elymus sibiricus* Linn	内蒙古,锡林浩特市	成熟期
487	老芒麦	*Elymus sibiricus* Linn	内蒙古,呼和浩特市	成熟期
488	老芒麦	*Elymus sibiricus* Linn	内蒙古,锡林浩特市	成熟期
489	老芒麦	*Elymus sibiricus* Linn	内蒙古,呼和浩特市	成熟期
490	老芒麦	*Elymus sibiricus* Linn	内蒙古,锡林浩特市	成熟期
491	老芒麦	*Elymus sibiricus* Linn	内蒙古,锡林浩特市	完熟期
492	老芒麦	*Elymus sibiricus* Linn	内蒙古,锡林浩特市	完熟期

（续表）

化学成分									营养价值			
水分（%）	干物质（%）	占绝对干物质比例（%）					钙（%）	磷（%）	可消化粗蛋白质（g/kg）	总能（Mcal/kg）	消化能（Mcal/kg）	代谢能（Mcal/kg）
		粗蛋白质	粗脂肪	粗纤维	无氮浸出物	粗灰分						
8.55	91.45	12.82	3.21	30.35	42.08	11.54	0.47	0.19	110	4.07	2.92	2.4
6.9	93.1	5.99	3.1	28.57	53.5	8.84			40	4.08	3.01	2.47
7.5	92.5	6.61	3.24	18.03	63.84	8.28			36	4.12	3.76	3.09
7.5	92.5	4.24	2.94	30.17	53.99	8.66			28	4.05	2.89	2.38
7.55	92.45	5.63	2.61	33.57	48.83	9.34	0.51	0.17	41	4.03	2.65	2.17
7.67	92.33	9.13	1.21	37.04	43.55	9.07	0.43	0.24	76	4.02	2.28	1.87
8.12	91.88	6.54	2.71	32.42	48.53	9.8	0.47	0.24	48	4.03	2.74	2.25
7.92	92.08	9.69	1.8	39.37	40.22	8.92	0.94	0.16	85	4.06	2.12	1.74
8.09	91.91	10.34	2.7	35.13	42.84	8.99	0.59	0.26	87	4.12	2.47	2.03
8.46	91.54	4.51	1.78	34.94	51.08	7.69	0.2	0.19	32	4.04	2.45	2.01
7.68	92.32	7.69	1.69	38.16	45.02	6.84	0.27	0.14	62	4.12	2.1	1.72
7.73	92.27	8.61	1.7	36.54	46.8	6.35	0.27	0.14	68	4.15	2.23	1.83
7.86	92.14	6.78	1.62	36.09	48.6	6.91	0.24	0.16	51	4.1	2.3	1.89
7.85	92.15	8.5	1.7	39.96	43.11	6.73	0.24	0.13	71	4.13	2	1.64
7.44	92.56	10.43	1.81	36.52	45.52	5.72	0.31	0.15	86	4.21	2.19	1.8
7.14	92.86	6.88	1.49	41.09	43.51	7.03	0.25	0.11	56	4.09	1.94	1.59
7.1	92.9	6.32	1.53	40.53	44.25	7.34	0.18	0.14	51	4.06	2	1.64
7.42	92.58	7.67	1.59	35.87	47.77	7.1	0.23	0.14	59	4.1	2.32	1.9
7.37	92.63	8.05	1.79	35.24	48.6	6.32	0.35	0.18	62	4.15	2.37	1.92
7.39	92.61	8.58	1.85	35.96	47.85	5.78	0.41	0.11	67	4.18	2.26	1.85
7.32	92.68	6.45	1.55	36.96	47.82	7.22	0.35	0.11	49	4.07	2.25	1.85
7.5	92.5	7.92	1.51	38.05	45.72	6.8	0.39	0.12	63	4.11	2.14	1.76
6.87	93.13	7.51	1.64	36.67	47.65	5.53	0.31	0.15	58	4.12	2.24	1.84
7.4	92.6	5.93	3.52	29.88	51.45	9.22			41	4.08	2.95	2.42
7.6	92.4	9.52	3.37	27.54	48.55	11.02			72	4.06	3.15	2.59
8.1	91.9	4.03	3.47	28.71	54.83	8.96			26	4.06	3.04	2.49
5.54	94.46	4.57	1.75	33.43	50.38	5.87	0.18	0.06	31	4.11	2.48	2.04
5.75	94.25	5.89	1.92	33.62	52.33	6.24	0.18	0.22	41	4.13	2.48	2.04
6.63	93.37	4.17	1.94	35.11	52.33	6.45	0.32	0.21	29	4.09	2.4	1.97
5.53	94.47	4.72	1.93	32.39	55.56	5.4	0.07	0.21	31	4.14	2.55	2.09
10.18	89.82	10.12	2	34.18	45.91	7.79	0.24	0.28	82	4.13	2.46	2.02
8.82	91.18	4.19	1.91	33.59	51.22	9.09	0.2	0.29	29	3.98	2.62	2.15

编号	植物名称	学名	样品来源	物候期与植物部位
493	老芒麦	*Elymus sibiricus* Linn	内蒙古,呼和浩特市	种子
494	老芒麦	*Elymus sibiricus* Linn	内蒙古,呼和浩特市	种子
495	老芒麦	*Elymus sibiricus* Linn	内蒙古,呼和浩特市	种子
496	老芒麦	*Elymus sibiricus* Linn	内蒙古,锡林浩特市	再生草,抽穗期
497	老芒麦	*Elymus sibiricus* Linn	内蒙古,锡林浩特市	再生草,抽穗期
498	老芒麦	*Elymus sibiricus* Linn	内蒙古,锡林浩特市	再生草,抽穗期
499	老芒麦	*Elymus sibiricus* Linn	内蒙古,锡林浩特市	再生草,抽穗期
500	老芒麦	*Elymus sibiricus* Linn	内蒙古,锡林浩特市	再生草,抽穗期
501	老芒麦	*Elymus sibiricus* Linn	内蒙古,锡林浩特市	再生草,抽穗期
502	老芒麦	*Elymus sibiricus* Linn	内蒙古,锡林浩特市	再生草,抽穗期
503	老芒麦	*Elymus sibiricus* Linn	内蒙古,锡林浩特市	再生草,抽穗期
504	老芒麦	*Elymus sibiricus* Linn	内蒙古,锡林浩特市	再生草,开花期
505	老芒麦	*Elymus sibiricus* Linn	内蒙古,锡林浩特市	再生草,开花期
506	老芒麦	*Elymus sibiricus* Linn	内蒙古,锡林浩特市	再生草,开花期
507	老芒麦	*Elymus sibiricus* Linn	内蒙古,锡林浩特市	再生草,开花期
偃麦草属 *Elytrigia* Desuv.				
508	偃麦草	*Elytrigia repens*(L.)Desv.ex Nevski	内蒙古,锡林浩特市	抽穗期
509	偃麦草	*Elytrigia repens*(L.)Desv.ex Nevski	内蒙古,锡林浩特市	抽穗期
510	偃麦草	*Elytrigia repens*(L.)Desv.ex Nevski	内蒙古,锡林浩特市	开花期
511	偃麦草	*Elytrigia repens*(L.)Desv.ex Nevski	内蒙古,锡林浩特市	盛花期
512	偃麦草	*Elytrigia repens*(L.)Desv.ex Nevski	内蒙古,锡林浩特市	开花期
513	偃麦草	*Elytrigia repens*(L.)Desv.ex Nevski	内蒙古,锡林浩特市	成熟期
514	偃麦草	*Elytrigia repens*(L.)Desv.ex Nevski	内蒙古,锡林浩特市	成熟期
515	偃麦草	*Elytrigia repens*(L.)Desv.ex Nevski	内蒙古,锡林浩特市	成熟期
516	中间偃麦草	*Elytrigia intermedia*(Host)Nevski	内蒙古,锡林浩特市	抽穗期
517	中间偃麦草	*Elytrigia intermedia*(Host)Nevski	内蒙古,锡林浩特市	开花期
518	中间偃麦草	*Elytrigia intermedia*(Host)Nevski	内蒙古,锡林浩特市	盛花期
519	中间偃麦草	*Elytrigia intermedia*(Host)Nevski	内蒙古,锡林浩特市	成熟期
520	中间偃麦草	*Elytrigia intermedia*(Host)Nevski	内蒙古,锡林浩特市	成熟期
521	中间偃麦草	*Elytrigia intermedia*(Host)Nevski	内蒙古,锡林浩特市	再生草,抽穗期
522	中间偃麦草	*Elytrigia intermedia*(Host)Nevski	内蒙古,锡林浩特市	再生草,开花期
523	天蓝偃麦草	*Elytrigia intermedia*(Host)Nevski	内蒙古,锡林浩特市	抽穗期

（续表）

化学成分									营养价值			
水分（%）	干物质（%）	占绝对干物质比例（%）					钙（%）	磷（%）	可消化粗蛋白质（g/kg）	总能（Mcal/kg）	消化能（Mcal/kg）	代谢能（Mcal/kg）
		粗蛋白质	粗脂肪	粗纤维	无氮浸出物	粗灰分						
8.97	91.03	18.31	1.77	15.37	60.14	4.41	0.23	0.34	140	4.38	4.67	3.83
8.59	91.41	21.34	1.69	15.03	56.46	6.48	0.26	0.44	164	4.34	4.61	3.79
8.99	91.01	19.42	1.93	11.91	60.26	6.48	0.23	0.49	146	4.32	4.74	3.89
7.82	92.18	19.65	3.72	24.63	37.57	14.43	0.82	0.26	189	4.08	2.99	2.45
7.26	92.74	14.72	2.87	29.35	42.65	10.41	0.62	0.27	142	3.71	3.37	2.77
7.34	92.66	14.45	3.21	26.93	43.03	12.38	0.74	0.31	106	4.06	2.85	2.34
7.02	92.98	13.03	3.06	28.19	46.67	9.05	0.62	0.24	67	4.17	2.67	2.19
8.51	91.49	11.61	3.47	32.31	41.37	11.24	0.63	0.23	100	4.08	2.79	2.29
10.93	89.07	8.71	3.48	26.16	49.43	12.22	0.13	0.29	63	4	3.31	2.72
9.3	90.7	11.75	2.96	26.62	48.08	10.59	0.44	0.43	91	4.09	3.16	2.59
8.77	91.23	10.17	2.59	26.97	51.07	9.2	0.42	0.23	75	4.1	3.08	2.53
8.2	91.8	14.2	2.91	28.58	44.29	10.74	0.71	0.24	89	4.14	2.69	2.21
7.71	92.29	11.73	3.05	29.39	46.44	9.39	0.59	0.23	94	4.14	2.91	2.39
9.62	90.38	14.1	2.68	27.25	44.54	11.43	0.48	0.34	92	4.07	2.78	2.28
8.66	91.34	11.35	2.99	27.99	47.36	10.31	0.47	0.3	89	4.09	3.05	2.51
8.21	91.79	12.72	3.47	24.85	47.2	11.76	0.2	0.2	100	4.08	3.35	2.75
7.74	92.26	13.43	2.71	33.88	39.75	10.23	0.39	0.23	83	4.11	2.55	2.1
9.46	92.54	12.31	2.83	35.44	41.25	8.17	0.35	0.21	108	4.19	2.4	1.97
7.29	92.72	6.16	1.85	40.45	47.08	4.46	0.15	0.09	48	4.2	1.9	1.56
8.09	91.91	11.05	3.53	36.24	40.61	8.57	0.35	0.15	97	4.19	2.4	1.97
7.1	92.9	9.07	2.13	30.15	50.15	8.5			67	4.09	2.81	2.3
7.93	92.07	9.75	3.63	34.51	41.25	10.86	0.63	0.16	82	4.08	2.64	2.17
4.73	95.27	3.14	2.09	35.48	54.62	4.67	0.21	0.06	21	4.16	2.31	1.9
8.67	91.33	17.15	2.99	32.02	35.88	11.95	0.47	0.3	166	4.11	2.77	2.27
8.05	91.95	14.4	2.51	29.1	43.54	10.45	0.45	0.2	123	4.11	2.93	2.4
5.5	94.5	7.43	1.68	42.65	41.59	6.65	0.18	0.14	63	4.12	1.81	1.48
7.84	92.16	10.35	3.08	31.8	43.99	10.78	0.47	0.31	85	4.06	2.81	2.31
4.54	95.46	6.74	2.69	34.22	50.63	5.72	0.25	0.1	49	4.2	2.44	2
9.02	90.98	18.82	3.52	25.97	39.16	12.53	0.6	0.32	181	4.14	2.87	2.35
9.18	90.82	19.44	3.81	25.04	38.12	13.59	0.6	0.02	187	4.12	2.95	2.42
8.92	91.08	16.59	2	34.46	34.8	12.15	0.48	0.36	142	4.02	2.57	2.11

编号	植物名称	学名	样品来源	物候期与植物部位
524	天蓝偃麦草	*Elytrigia intermedia*(Host)Nevski	内蒙古,锡林浩特市	开花期
525	天蓝偃麦草	*Elytrigia intermedia*(Host)Nevski	内蒙古,锡林浩特市	成熟期
526	天蓝偃麦草	*Elytrigia intermedia*(Host)Nevski	内蒙古,锡林浩特市	成熟期
527	天蓝偃麦草	*Elytrigia intermedia*(Host)Nevski	内蒙古,锡林浩特市	再生草,抽穗期
528	天蓝偃麦草	*Elytrigia intermedia*(Host)Nevski	内蒙古,锡林浩特市	再生草,开花期
529	天蓝偃麦草	*Elytrigia intermedia*(Host)Nevski	内蒙古,锡林浩特市	再生草,开花期
530	毛偃麦草	*Elytrigia atrichophora*(Link)Nevski	内蒙古,锡林浩特市	抽穗期
531	毛偃麦草	*Elytrigia atrichophora*(Link)Nevski	内蒙古,锡林浩特市	开花期
532	毛偃麦草	*Elytrigia atrichophora*(Link)Nevski	内蒙古,锡林浩特市	开花期
533	毛偃麦草	*Elytrigia atrichophora*(Link)Nevski	内蒙古,锡林浩特市	盛花期
534	毛偃麦草	*Elytrigia atrichophora*(Link)Nevski	内蒙古,锡林浩特市	花熟期
535	毛偃麦草	*Elytrigia atrichophora*(Link)Nevski	内蒙古,锡林浩特市	成熟期
536	毛偃麦草	*Elytrigia atrichophora*(Link)Nevski	内蒙古,锡林浩特市	再生草,抽穗期
537	毛偃麦草	*Elytrigia atrichophora*(Link)Nevski	内蒙古,锡林浩特市	再生草,开花期
538	长穗偃麦草	*Elytrigia elongata*(Host)Nevski	内蒙古,锡林浩特市	蜡熟期
画眉草属 *Eragrostis* Beauv.				
539	小画眉草	*Eragrostis poaeoides* Beauv.	内蒙古,锡林浩特市	抽穗期
540	小画眉草	*Eragrostis poaeoides* Beauv.	内蒙古,锡林浩特市	成熟期
羊茅属 *Festuca* L.				
541	羊茅	*Festuca ouina* L.	内蒙古,锡林浩特市	抽穗期
异燕麦属 *Helictotrichon* Bess.ex Roem.				
542	异燕麦	*Helictotrichon schellianum*(Hack.)Kitag	内蒙古,锡林郭勒盟	结实期
大麦属 *Hordeum* L.				
543	野黑麦	*Hordeum brevisubulatum*(Trin.)Link	内蒙古,锡林浩特市	拔节期
544	野黑麦	*Hordeum brevisubulatum*(Trin.)Link	内蒙古,锡林浩特市	拔节期
545	野黑麦	*Hordeum brevisubulatum*(Trin.)Link	内蒙古,锡林浩特市	孕穗期
546	野黑麦	*Hordeum brevisubulatum*(Trin.)Link	内蒙古,锡林浩特市	孕穗期
547	野黑麦	*Hordeum brevisubulatum*(Trin.)Link	内蒙古,锡林浩特市	抽穗期
548	野黑麦	*Hordeum brevisubulatum*(Trin.)Link	内蒙古,锡林浩特市	抽穗期
549	野黑麦	*Hordeum brevisubulatum*(Trin.)Link	内蒙古,锡林浩特市	开花期
550	野黑麦	*Hordeum brevisubulatum*(Trin.)Link	内蒙古,锡林浩特市	开花期
551	野黑麦	*Hordeum brevisubulatum*(Trin.)Link	内蒙古,锡林浩特市	开花—灌浆期

（续表）

化学成分									营养价值			
水分（%）	干物质（%）	占绝对干物质比例（%）					钙（%）	磷（%）	可消化粗蛋白质（g/kg）	总能（Mcal/kg）	消化能（Mcal/kg）	代谢能（Mcal/kg）
		粗蛋白质	粗脂肪	粗纤维	无氮浸出物	粗灰分						
6. 48	93. 52	8. 05	2. 19	35. 29	47. 9	6. 57	0. 25	0. 11	62	4. 16	2. 36	1. 94
7. 95	92. 05	9. 14	2. 55	34. 57	42. 91	10. 83	0. 59	0. 19	76	4. 06	2. 48	2. 04
6. 54	93. 46	6. 09	2. 3	35. 6	50. 13	5. 88	0. 36	0. 09	45	4. 16	2. 33	1. 91
8. 15	91. 85	15. 88	3. 02	27. 11	42. 54	11. 45	0. 47	0. 22	123	4. 11	2. 79	2. 29
8. 39	91. 61	13. 06	2. 04	36. 78	37. 87	10. 25	0. 47	0. 23	77	4. 07	2. 45	2. 01
7. 92	92. 08	19. 06	3. 24	25. 7	38. 46	13. 54	0. 55	0. 24	183	4. 09	2. 91	2. 38
8. 88	91. 12	19. 28	2. 66	29. 97	35. 75	12. 34	0. 48	0. 01	181	4. 11	2. 71	2. 23
7. 86	92. 14	12. 72	2. 68	33. 79	39. 61	11. 2	0. 51	0. 3	113	4. 06	2. 64	2. 16
5. 46	94. 54	6. 92	1. 89	37. 58	47. 53	6. 08	0. 25	0. 12	53	4. 15	2. 17	1. 78
4. 74	95. 26	7. 81	2. 58	36. 54	44. 16	8. 91	0. 14	0. 11	63	4. 08	2. 38	1. 96
9. 18	90. 82	8. 16	2. 52	32. 41	47. 01	9. 09	0. 52	0. 16	63	4. 04	2. 72	2. 24
5. 31	94. 69	4. 59	2. 91	35. 81	50. 22	6. 47	0. 25	0. 09	33	4. 15	2. 38	1. 96
8. 33	90. 67	19. 49	3. 34	27. 29	37. 02	12. 86	0. 6	0. 32	186	4. 13	2. 84	2. 33
8. 53	91. 47	15. 84	3. 94	27. 02	40. 97	12. 23	0. 59	0. 26	133	4. 13	2. 86	2. 35
4. 78	95. 22	5. 24	1. 86	37. 84	49. 11	5. 94	0. 11	0. 09	39	4. 13	2. 16	1. 78
6. 4	93. 6	21. 44	2. 44	20. 38	43. 94	11. 8			208	4. 15	2. 93	2. 4
7. 7	92. 3	5. 83	1. 05	27. 37	58. 92	6. 83			36	4. 06	2. 93	2. 4
7. 1	92. 9	7. 89	2. 81	32. 08	50. 71	6. 51			58	4. 19	2. 62	2. 15
7	93	5. 96	2. 67	35. 65	46. 53	9. 19			45	4. 04	2. 48	2. 04
9. 76	90. 24	16. 41	3. 07	30. 06	39. 3	11. 16	0. 92	0. 15	135	4. 14	2. 69	2. 21
10. 18	89. 82	16	2. 96	32. 16	37. 06	11. 82	0. 64	0. 22	133	4. 1	2. 66	2. 19
5. 4	94. 6	9. 16	3. 4	33. 57	44. 19	9. 68	0. 65	0. 23	74	4. 11	2. 66	2. 18
6. 01	93. 99	13. 87	2. 88	37. 95	35. 63	9. 67	0. 62	0. 18	91	4. 15	2. 43	1. 99
7	93	9. 82	2. 53	29. 02	52. 57	6. 06			71	4. 22	2. 8	2. 29
8. 36	91. 64	22. 98	2. 86	28. 62	34. 53	11. 01	0. 51	0. 39	213	4. 23	2. 68	2. 2
7. 9	92. 1	18. 26	2. 28	29. 34	41. 17	8. 95			147	4. 22	2. 58	2. 12
8. 1	91. 9	13. 43	1. 88	36. 16	37. 86	10. 67	0. 39	0. 34	83	4. 05	2. 48	2. 03
8. 35	91. 65	14. 79	2. 66	35. 73	36. 96	9. 86	0. 71	0. 13	103	4. 15	2. 48	2. 03

编号	植物名称	学名	样品来源	物候期与植物部位
552	野黑麦	*Hordeum brevisubulatum*(Trin.) Link	内蒙古,锡林浩特市	开花期
553	野黑麦	*Hordeum brevisubulatum*(Trin.) Link	内蒙古,锡林浩特市	开花期
554	野黑麦	*Hordeum brevisubulatum*(Trin.) Link	内蒙古,锡林浩特市	盛花期,生育第五年,未施肥
555	野黑麦	*Hordeum brevisubulatum*(Trin.) Link	内蒙古,锡林浩特市	盛花期,生育第五年,施肥
556	野黑麦	*Hordeum brevisubulatum*(Trin.) Link	内蒙古,锡林浩特市	盛花期,生育第二年
557	野黑麦	*Hordeum brevisubulatum*(Trin.) Link	内蒙古,锡林浩特市	盛花期,播种当年
558	野黑麦	*Hordeum brevisubulatum*(Trin.) Link	内蒙古,锡林浩特市	开花期,茎
559	野黑麦	*Hordeum brevisubulatum*(Trin.) Link	内蒙古,锡林浩特市	开花期
560	野黑麦	*Hordeum brevisubulatum*(Trin.) Link	内蒙古,锡林浩特市	开花期
561	野黑麦	*Hordeum brevisubulatum*(Trin.) Link	内蒙古,锡林浩特市	开花期
562	野黑麦	*Hordeum brevisubulatum*(Trin.) Link	内蒙古,锡林浩特市	开花期
563	野黑麦	*Hordeum brevisubulatum*(Trin.) Link	内蒙古,锡林浩特市	开花期
564	野黑麦	*Hordeum brevisubulatum*(Trin.) Link	内蒙古,锡林浩特市	开花期
565	野黑麦	*Hordeum brevisubulatum*(Trin.) Link	内蒙古,锡林浩特市	花谢期
566	野黑麦	*Hordeum brevisubulatum*(Trin.) Link	内蒙古,锡林浩特市	开花期
567	野黑麦	*Hordeum brevisubulatum*(Trin.) Link	内蒙古,锡林浩特市	结实期
568	野黑麦	*Hordeum brevisubulatum*(Trin.) Link	内蒙古,正蓝旗	结实期
569	野黑麦	*Hordeum brevisubulatum*(Trin.) Link	内蒙古,锡林浩特市	蜡熟期,播种当年霜后一次刈割
570	野黑麦	*Hordeum brevisubulatum*(Trin.) Link	内蒙古,锡林浩特市	蜡熟期
571	野黑麦	*Hordeum brevisubulatum*(Trin.) Link	内蒙古,锡林浩特市	蜡熟期
572	野黑麦	*Hordeum brevisubulatum*(Trin.) Link	内蒙古,锡林浩特市	成熟期
573	野黑麦	*Hordeum brevisubulatum*(Trin.) Link	内蒙古,锡林浩特市	成熟期
574	野黑麦	*Hordeum brevisubulatum*(Trin.) Link	内蒙古,锡林浩特市	成熟期
575	野黑麦	*Hordeum brevisubulatum*(Trin.) Link	内蒙古,锡林浩特市	完熟期—生育第五年,未施肥
576	野黑麦	*Hordeum brevisubulatum*(Trin.) Link	内蒙古,锡林浩特市	完熟期
577	野黑麦	*Hordeum brevisubulatum*(Trin.) Link	内蒙古,呼和浩特市	完熟期
578	野黑麦	*Hordeum brevisubulatum*(Trin.) Link	内蒙古,呼和浩特市	种子
579	野黑麦	*Hordeum brevisubulatum*(Trin.) Link	内蒙古,呼和浩特市	种子
580	野黑麦	*Hordeum brevisubulatum*(Trin.) Link	内蒙古,锡林浩特市	再生草,成熟期

（续表）

化学成分									营养价值			
水分（%）	干物质（%）	占绝对干物质比例（%）					钙（%）	磷（%）	可消化粗蛋白质（g/kg）	总能（Mcal/kg）	消化能（Mcal/kg）	代谢能（Mcal/kg）
		粗蛋白质	粗脂肪	粗纤维	无氮浸出物	粗灰分						
7.97	92.03	12.66	2.41	32.2	41.29	11.44	0.55	0.31	110	4.03	2.75	2.26
8.83	91.17	12.11	2.52	27.08	48.39	9.9	0.56	0.23	95	4.1	3.07	2.52
7.65	92.35	9.79	2.16	43.93	35.71	8.41	0.39	0.33	91	4.11	1.78	1.46
6.89	93.11	4.01	1.68	43.56	43.26	7.49	0.25	0.26	32	4.03	1.81	1.49
5.37	94.63	15.35	2.11	39.38	33.9	9.26	0.38	0.21	109	4.15	2.33	1.91
4.81	95.19	19.27	2.71	36.33	34.11	7.58	0.46	0.22	169	4.31	2.34	1.92
8.2	91.8	7.88	12.6	43.65	29.31	6.56			47	4.7	2.58	2.12
8.4	91.6	17.89	5.21	27.05	36.37	13.48			172	4.17	2.96	2.43
10.6	89.4	13.7	2.17	20.79	56.27	7.07			54	4.22	2.75	2.25
6.8	93.2	8.35	1.14	45.97	37.49	7.05			76	4.09	1.55	1.27
8.5	91.5	18.79	3.72	26.81	36.42	14.26			180	4.08	2.93	2.4
10.7	89.3	15.87	2.04	21	51.22	9.87			100	4.13	2.84	2.33
8.2	91.8	15.35	2.02	33.7	40.1	8.83			99	4.16	2.46	2.02
8.7	91.3	15.62	2.75	37.56	34.11	9.96			119	4.16	2.43	2
4.42	95.58	6.8	1.61	44.05	41.13	6.41	0.32	0.07	58	4.12	1.7	1.39
6.6	93.4	9.69	2	36.14	44.41	7.76			80	4.12	2.32	1.91
6.9	93.1	9.26	1.73	31.22	51.25	6.54			69	4.15	2.63	2.16
5.62	94.38	11.86	3.73	28.86	46.37	9.18	0.42	0.13	95	4.18	2.97	2.44
7.21	92.79	6.75	2.54	40.09	44.52	6.1	0.35	0.12	54	4.18	2.02	1.65
5.78	94.22	11.04	2.55	37.74	41.29	7.38	0.5	0.13	96	4.19	2.2	1.8
7.49	92.51	7.35	1.69	38.75	40.21	9	0.39	0.2	60	4.02	2.19	1.8
6.2	93.8	6.53	2.41	30.95	51.52	8.59			46	4.06	2.79	2.29
4.2	95.8	20.18	3.05	23.31	40.31	13.15			195	4.11	2.94	2.41
6.92	93.08	8.35	2.44	42.26	37.92	9.03	0.39	0.23	74	4.07	1.96	1.61
5.22	94.78	7.26	2.37	40.63	41.18	8.56	0.53	0.13	61	4.07	2.07	1.7
9	91	10.06	2.25	42.46	36.84	8.39			93	4.12	1.89	1.55
7.86	92.14	13.72	3.4	15.24	61.28	6.36	0.19	0.42	108	4.32	3.54	2.91
7.9	92.1	17.37	2.95	12.35	61.49	5.84			136	4.37	2.8	2.3
7.7	92.3	8.75	3.24	23.46	56.16	8.39			58	4.15	3.34	2.74

编号	植物名称	学名	样品来源	物候期与植物部位
581	野黑麦	*Hordeum brevisubulatum*(Trin.) Link	内蒙古,锡林浩特市	再生草,抽穗期
582	野黑麦	*Hordeum brevisubulatum*(Trin.) Link	内蒙古,锡林浩特市	再生草,开花期
583	野黑麦	*Hordeum brevisubulatum*(Trin.) Link	内蒙古,锡林浩特市	再生草,成熟期
584	野黑麦	*Hordeum brevisubulatum*(Trin.) Link	内蒙古,锡林浩特市	再生草,第一次刈割
585	布顿大麦	*Hordeum bogdanii* Wilensky	内蒙古,锡林浩特市	开花期
586	布顿大麦	*Hordeum bogdanii* Wilensky	内蒙古,锡林浩特市	当年生
587	大麦	*Hordeum vulgare* L.	内蒙古,呼和浩特市	孕穗期
588	大麦	*Hordeum vulgare* L.	内蒙古,呼和浩特市	孕穗期
589	大麦	*Hordeum vulgare* L.	内蒙古,呼和浩特市	孕穗期
590	大麦	*Hordeum vulgare* L.	内蒙古,呼和浩特市	孕穗期
591	大麦	*Hordeum vulgare* L.	内蒙古,呼和浩特市	孕穗期
592	大麦	*Hordeum vulgare* L.	内蒙古,呼和浩特市	齐穗期
593	大麦	*Hordeum vulgare* L.	内蒙古,呼和浩特市	齐穗期
594	大麦	*Hordeum vulgare* L.	内蒙古,呼和浩特市	齐穗期
595	六楞大麦	*Hordeum vulgare* L.	内蒙古,锡林浩特市	开花期
596	准格尔大麦	*Hordeum vulgare* L.	内蒙古,锡林浩特市	开花期
597	大麦	*Hordeum vulgare* L.	内蒙古,呼和浩特市	灌浆期
598	大麦	*Hordeum vulgare* L.	内蒙古,呼和浩特市	灌浆期
599	大麦	*Hordeum vulgare* L.	内蒙古,呼和浩特市	灌浆期,全株
600	大麦	*Hordeum vulgare* L.	内蒙古,锡林浩特市	灌浆期,全株
601	大麦	*Hordeum vulgare* L.	内蒙古,锡林浩特市	灌浆期,全株
602	大麦	*Hordeum vulgare* L.	内蒙古,锡林浩特市	灌浆期,全株
603	大麦	*Hordeum vulgare* L.	内蒙古,锡林浩特市	灌浆期,全株
604	大麦	*Hordeum vulgare* L.	内蒙古,锡林浩特市	灌浆期,全株
605	大麦	*Hordeum vulgare* L.	内蒙古,锡林浩特市	灌浆期,全株
606	大麦	*Hordeum vulgare* L.	内蒙古,呼和浩特市	蜡熟期
607	大麦	*Hordeum vulgare* L.	内蒙古,呼和浩特市	蜡熟期
608	大麦	*Hordeum vulgare* L.	内蒙古,呼和浩特市	蜡熟期
609	大麦	*Hordeum vulgare* L.	内蒙古,锡林浩特市	种子
610	大麦	*Hordeum vulgare* L.	内蒙古,锡林浩特市	种子
611	大麦	*Hordeum vulgare* L.	内蒙古,锡林浩特市	种子
612	大麦	*Hordeum vulgare* L.	内蒙古,锡林浩特市	种子

（续表）

化学成分									营养价值			
水分（%）	干物质（%）	占绝对干物质比例（%）					钙（%）	磷（%）	可消化粗蛋白质（g/kg）	总能（Mcal/kg）	消化能（Mcal/kg）	代谢能（Mcal/kg）
		粗蛋白质	粗脂肪	粗纤维	无氮浸出物	粗灰分						
7.25	92.75	11.52	4.08	32.01	42.76	9.63	0.7	0.15	97	4.18	2.77	2.28
8.67	91.33	10.26	3.82	28.86	44.7	12.36	0.87	0.17	82	4.03	3.12	2.56
8.89	91.11	10.11	3.64	30.41	43.82	12.02	0.87	0.27	82	4.04	2.99	2.45
9.7	90.3	10.63	3.57	32.81	42.9	10.09			89	4.12	2.72	2.23
8.25	91.75	10.58	2.2	41.15	35.18	10.89	0.47	0.23	99	4.02	2.08	1.71
9.46	90.54	8.64	3.72	26.73	50	10.91	0.76	0.2	63	4.06	3.23	2.65
6.97	93.03	17.22	2.03	29.54	40.95	10.26	1.16	0.17	136	4.13	2.62	2.15
6.5	93.5	20.79	2.52	30.87	36.27	9.55	0.58	0.19	193	4.24	2.56	2.1
7.47	92.53	17.45	1.83	29.94	39.69	11.09	0.66	0.24	145	4.09	2.64	2.16
5.16	94.84	21.9	4.51	27.05	30.15	16.39	0.69	0.58	207	4.07	3.03	2.49
5.78	94.22	22.05	3.74	25.96	31.75	16.5	0.73	0.61	209	4.03	3.03	2.49
6.66	93.34	15.13	1.63	26.23	48.01	8.91	0.72	0.22	86	4.14	2.64	2.17
7.28	92.72	13.94	1.6	26.38	49.7	8.38	0.55	0.18	72	4.1	2.67	2.19
7.13	92.87	13.13	1.37	33.86	41.68	9.96	0.54	0.18	70	4.05	2.49	2.04
10.5	89.5	15.32	1.53	26.92	48.64	7.59			81	4.19	2.57	2.11
9.8	90.2	13.6	1.61	39.21	36.04	9.54			81	4.09	2.33	1.92
7.72	92.28	10.85	1.15	31.55	47.61	8.84	1.17	0.24	86	4.05	2.66	2.18
7.55	92.45	11.42	1.43	29.25	49.82	8.08	0.51	0.18	88	4.11	2.8	2.3
7.31	92.69	10.36	1.47	29.12	48.27	10.78	0.71	0.14	80	3.98	2.94	2.41
6.64	93.36	5.19	2.07	31.38	55.87	5.49	0.31	0.22	34	4.16	2.63	2.16
6.32	93.68	5.12	2.65	33.74	53.35	5.14	0.27	0.19	35	4.2	2.46	2.02
7.26	92.74	6.95	2.36	34.15	51.52	5.02	0.16	0.17	50	4.21	2.4	1.97
5	95	9.15	2.93	29.85	53.57	4.5	0.38	1.82	65	4.3	2.96	2.21
8.26	91.74	7.26	2	33.03	52.7	5.01	0.55	0.18	52	4.2	2.46	2.02
6.28	93.72	6.45	2.19	32.93	53.16	5.27	0.15	0.23	45	4.19	2.5	2.05
7.44	92.56	9.51	1.66	23.41	57.34	8.08	0.4	0.21	63	4.09	3.26	2.68
7.87	92.13	11.02	2.06	22.93	55.47	8.56	0.48	0.18	76	4.11	3.31	2.72
7.92	92.08	10.15	1.66	25.31	55.63	7.25	0.48	0.18	70	4.13	3.08	2.53
9.68	90.32	17.71	1.41	5.42	72.37	3.09	0.1	0.49	121	4.41	2.37	1.94
9.62	90.38	20.82	1.52	3.64	71.61	2.41	0.08	0.65	162	4.49	5.32	4.37
9.55	90.45	16.23	1.41	6.45	72.72	3.19	0.16	0.52	111	4.38	2.65	2.18
9.25	90.75	17.87	1.8	6.33	70.75	3.23	0.08	0.53	125	4.43	2.4	1.97

编号	植物名称	学名	样品来源	物候期与植物部位
613	大麦	*Hordeum vulgare* L.	内蒙古,锡林浩特市	种子
614	大麦	*Hordeum vulgare* L.	内蒙古,锡林浩特市	种子
615	大麦	*Hordeum vulgare* L.	内蒙古,锡林浩特市	种子
616	大麦	*Hordeum vulgare* L.	内蒙古,锡林浩特市	种子
617	大麦	*Hordeum vulgare* L.	内蒙古,锡林浩特市	种子
618	大麦	*Hordeum vulgare* L.	内蒙古,锡林浩特市	种子
619	大麦	*Hordeum vulgare* L.	内蒙古,锡林浩特市	种子
620	大麦	*Hordeum vulgare* L.	内蒙古,锡林浩特市	种子
621	大麦	*Hordeum vulgare* L.	内蒙古,锡林浩特市	种子
622	大麦	*Hordeum vulgare* L.	内蒙古,锡林浩特市	种子
623	大麦	*Hordeum vulgare* L.	内蒙古,锡林浩特市	种子
624	大麦	*Hordeum vulgare* L.	内蒙古,呼和浩特市	籽实
625	大麦	*Hordeum vulgare* L.	内蒙古,呼和浩特市	籽实
626	大麦	*Hordeum vulgare* L.	内蒙古,锡林浩特市	籽实
627	大麦	*Hordeum vulgare* L.	内蒙古,锡林浩特市	灌浆期,秸秆
628	大麦	*Hordeum vulgare* L.	内蒙古,锡林浩特市	灌浆期,秸秆
落草属 *Koeleria* Pers.				
629	落草	*Koeleria cristata*(L.)Pers.	内蒙古,锡林浩特市	成熟期
银穗草属 *Leucopoa* Griseb.				
630	银穗草	*Leucopoa albida* (Turcez.) Krecz. et.Bobr	内蒙古,锡林浩特市	开花期
631	银穗草	*Leucopoa albida* (Turcez.) Krecz. et.Bobr	内蒙古,东乌珠穆沁旗	成熟期
黑麦草属 *Lolium* L.				
632	黑麦草	*Lolium perenne* L.	内蒙古,锡林浩特市	抽穗期
633	黑麦草	*Lolium perenne* L.	内蒙古,锡林浩特市	开花期
634	黑麦草	*Lolium perenne* L.	内蒙古,锡林浩特市	成熟期
635	黑麦草	*Lolium perenne* L.	内蒙古,锡林浩特市	再生草,抽穗期
636	黑麦草	*Lolium perenne* L.	内蒙古,锡林浩特市	再生草,开花期
637	多花黑麦草	*Lolium multiflorum* L.	内蒙古,呼和浩特市	种子
稷属 *Panicum* L.				
638	糜子	*Panicum miliaceum* L.	内蒙古,锡林浩特市	成熟期

（续表）

化学成分									营养价值			
水分（%）	干物质（%）	占绝对干物质比例（%）					钙（%）	磷（%）	可消化粗蛋白质（g/kg）	总能（Mcal/kg）	消化能（Mcal/kg）	代谢能（Mcal/kg）
		粗蛋白质	粗脂肪	粗纤维	无氮浸出物	粗灰分						
9.69	90.31	17.52	1.45	8.56	68.15	4.32	0.12	0.54	127	4.36	2.53	2.08
9.37	90.63	15.39	1.78	8.63	70.45	3.75	0.1	0.49	109	4.37	2.9	2.38
9.86	91.04	19.05	1.64	6.92	68.74	3.65	0.06	0.55	146	4.42	5.11	4.2
9.17	90.83	13.62	1.45	9.08	71.65	4.2	0.1	0.5	95	4.3	3.2	2.63
9.84	90.16	18.91	1.57	3.14	73.71	2.67	0.08	0.62	145	4.45	5.35	4.39
9.64	90.36	17.74	1.5	8.6	68.98	3.18	0.2	0.56	129	4.41	2.47	2.03
9.57	90.43	16.91	1.15	5.64	73.1	3.2	0.1	0.48	115	4.38	2.5	2.05
9.24	90.76	17.98	1.45	5.53	71.03	4.01	0.08	0.58	124	4.38	2.36	1.93
10.15	89.85	17.52	1.29	6.43	70.3	4.46	0.12	0.52	122	4.34	2.47	2.02
9.81	90.19	19.24	1.71	5.31	70.38	3.36	0.1	0.55	147	4.44	5.21	4.28
8.85	91.15	15.88	1.31	6.93	71.63	4.25	0.12	0.57	109	4.33	2.75	2.26
7.42	92.58	15.19	1.2	8.1	72.71	2.8			105	4.37	2.85	2.34
7.68	92.32	15.68	1.52	8.31	72.25	2.24			110	4.42	2.78	2.28
7.15	92.85	12.94	1.13	9.02	74.14	2.77	0.04	0.47	88	4.34	3.26	2.68
7.19	92.81	6.52	1.32	43.29	38.05	10.82	0.51	0.18	57	3.91	1.93	1.58
6.91	93.09	5.91	1.51	45.69	38.37	8.52	0.31	0.12	52	1.67	1.67	1.37
6.1	93.3	9.99	4.86	29.17	47.59	8.39			77	4.25	2.98	2.44
5.2	94.8	17.36	2.9	36.43	34.55	8.76			142	4.24	2.41	1.98
6.5	93.5	7.32	4.39	29.63	53.87	4.79			50	4.34	2.8	2.3
7.52	92.48	10.98	2.2	36.51	40.2	10.11	0.31	0.24	96	4.05	2.39	1.96
7.44	92.56	11.42	2.44	36.08	39.37	10.69	0.43	0.29	101	4.05	2.45	2.01
7.21	92.79	10.27	2.32	35.29	42.16	9.96	0.43	0.24	87	4.06	2.48	2.04
7.82	92.18	12.9	3.91	29.2	41.83	12.16	0.67	0.25	110	4.09	3.06	2.51
8.29	91.71	15.65	4.52	27.89	39.35	12.59	0.67	0.26	137	4.14	2.88	2.36
8.52	91.48	12.71	1.42	9.98	71.86	4.03	0.19	0.4	89	4.3	3.38	2.77
8.1	91.9	8.1	1.4	25.97	56.8	7.73			53	4.07	3.06	2.51

编号	植物名称	学名	样品来源	物候期与植物部位
狼尾草属 *Pennisetum* Rich.				
639	白草	*Pennisetum flaccidum* Griseb.	内蒙古,巴林右旗	开花期
640	白草	*Pennisetum flaccidum* Griseb.	内蒙古,锡林浩特市	开花期
虉草属 *Phalaris* L.				
641	虉草	*Phalaris arundinacea* L.	内蒙古,锡林浩特市	开花期
642	虉草	*Phalaris arundinacea* L.	内蒙古,东乌珠穆沁旗	开花期
芦苇属 *Phragmites* Trin.				
643	芦苇	*Phragmites austrdlis*(Cav.)Trin.ex Steud	内蒙古,正蓝旗	抽穗期
644	芦苇	*Phragmites austrdlis*(Cav.)Trin.ex Steud	内蒙古,白银库伦牧场	抽穗期
645	芦苇	*Phragmites austrdlis*(Cav.)Trin.ex Steud	内蒙古,巴林右旗	抽穗期
646	芦苇	*Phragmites austrdlis*(Cav.)Trin.ex Steud	内蒙古,阿巴嘎旗	开花期
早熟禾属 *Poa* L.				
647	硬质早熟禾	*Poa sphondylodes* Trin.ex Bunge	内蒙古,呼和浩特市	成熟期
648	硬质早熟禾	*Poa sphondylodes* Trin.ex Bunge	内蒙古,呼和浩特市	种子
649	早熟禾	*Poa sphondylodes* Trin.ex Bunge	内蒙古,巴林右旗	开花期
650	细叶早熟禾	*Poa angustifolia* L.	内蒙古,正蓝旗	开花期
651	额尔古纳早熟禾	*Poa angustifolia* L.	内蒙古,锡林浩特市	开花期
652	散穗早熟禾	*Poa subfastigiata* Trin.	内蒙古,锡林浩特市	抽穗期
653	散穗早熟禾	*Poa subfastigiata* Trin.	内蒙古,锡林浩特市	开花期
654	草地早熟禾	*Poa pratensis* L.	内蒙古,锡林浩特市	开花期
655	草地早熟禾	*Poa pratensis* L.	内蒙古,白银库伦牧场	结实期
656	华灰早熟禾	*Poa sinoglauca* Ohwi	内蒙古,锡林浩特市	抽穗期
657	华灰早熟禾	*Poa sinoglauca* Ohwi	内蒙古,锡林浩特市	开花期
658	华灰早熟禾	*Poa sinoglauca* Ohwi	内蒙古,锡林浩特市	乳熟期
沙鞭草属 *Psammochloa* Hitchc.				
659	沙竹	*Psammochloa uillosa*(Trin.)Bor.	内蒙古,锡林浩特市	开花期
新麦草属 *Psathyrostachys* Nevski				
660	新麦草	*Psathyrostachys juncea*(Fisch.)Nevski	内蒙古,锡林浩特市	开花期,茎
661	新麦草	*Psathyrostachys juncea*(Fisch.)Nevski	内蒙古,锡林浩特市	开花期,叶
662	新麦草	*Psathyrostachys juncea*(Fisch.)Nevski	内蒙古,锡林浩特市	开花期,花序
碱茅属 *Puccinellia* Parl.				

（续表）

化学成分									营养价值			
水分（%）	干物质（%）	占绝对干物质比例（%）					钙（%）	磷（%）	可消化粗蛋白质（g/kg）	总能（Mcal/kg）	消化能（Mcal/kg）	代谢能（Mcal/kg）
		粗蛋白质	粗脂肪	粗纤维	无氮浸出物	粗灰分						
7.07	92.93	11.66	1.99	38.94	39.92	7.49	0.43	0.17	105	4.16	2.08	1.71
7.2	92.8	7.58	1.38	35.79	46.98	8.28			59	4.04	2.37	1.94
8.52	9.48	15.4	3.14	34.16	34.56	12.74	1.03	0.17	131	4.06	2.66	2.18
7.4	92.6	4.22	1.18	33.66	56.27	4.67			27	4.13	2.4	1.97
5.9	94.1	9.7	1.91	39.53	41.96	6.9			83	4.16	2.03	1.67
7	93	11.45	1.88	30.13	47.11	9.43			91	4.07	2.81	2.31
6.81	93.19	8.45	1.88	37.88	44.51	7.28	0.35	0.14	69	4.12	2.18	1.79
7.9	92.1	9	2.13	35.39	46.64	6.84			71	4.16	2.35	1.93
5.47	94.53	8.79	1.96	36.97	47.17	5.11	0.11	0.13	70	4.22	2.16	1.77
5.58	91.42	12.33	3.1	19.35	60.15	5.07	0.19	0.38	102	4.33	3.85	3.16
7.41	92.59	5.72	2.1	41.38	44.66	6.14	0.12	0.07	46	4.14	1.91	1.57
6.4	93.6	10.61	2.42	31.03	50.33	5.61			81	4.25	2.62	2.15
7.1	92.9	8.45	2.72	27.29	56.23	5.31			57	4.25	2.91	2.39
7.5	92.5	12.68	2.15	30.18	48.22	6.77			102	4.22	2.69	2.21
7.3	92.7	11.02	2.48	35.44	44.26	6.8			92	4.21	2.34	1.92
6.9	93.1	11.99	3.1	28.02	48.4	8.49			94	4.18	2.97	2.44
6.5	93.5	10.37	2.17	34.69	42.6	10.17			87	4.04	2.53	2.08
6.6	93.4	10.29	2.61	30.93	51.17	5			77	4.28	2.61	2.14
6.8	93.2	10.21	2.32	32.17	50.09	5.21			78	4.25	2.52	2.06
8.2	91.8	8.77	1.9	33.07	47.92	8.34			68	4.08	2.58	2.12
6.9	93.1	9.26	2.05	34.88	50.34	3.47			71	4.3	2.24	1.84
8.4	91.6	6.6	0.79	43.53	42.42	6.66			55	4.06	1.71	1.41
8.8	91.2	16.46	2.6	32.25	36.01	12.68			145	4.05	2.68	2.2
12.8	87.2	15.64	2.16	32.51	42.2	7.49			95	4.23	2.44	2

编号	植物名称	学名	样品来源	物候期与植物部位
663	碱茅	*Puccinellia distans*(Javq.)Parl.	内蒙古,锡林浩特市	抽穗期
664	碱茅	*Puccinellia distans*(Javq.)Parl.	内蒙古,锡林浩特市	开花期
鹅观草属 *Roegneria* C.Koch.				
665	鹅观草	*Roegneria kamoji* Ohwi	内蒙古,锡林浩特市	拔节期
666	鹅观草	*Roegneria kamoji* Ohwi	内蒙古,锡林浩特市	孕穗期
667	鹅观草	*Roegneria kamoji* Ohwi	内蒙古,锡林浩特市	抽穗期
668	鹅观草	*Roegneria kamoji* Ohwi	内蒙古,锡林浩特市	开花期
669	鹅观草	*Roegneria kamoji* Ohwi	内蒙古,锡林浩特市	开花期
670	鹅观草	*Roegneria kamoji* Ohwi	内蒙古,锡林浩特市	开花期
671	鹅观草	*Roegneria kamoji* Ohwi	内蒙古,锡林浩特市	开花期
672	鹅观草	*Roegneria kamoji* Ohwi	内蒙古,锡林浩特市	花谢期
673	鹅观草	*Roegneria kamoji* Ohwi	内蒙古,东乌珠穆沁旗	结实期
674	鹅观草	*Roegneria kamoji* Ohwi	内蒙古,东乌珠穆沁旗	结实期
675	鹅观草	*Roegneria kamoji* Ohwi	内蒙古,锡林浩特市	蜡熟期
676	鹅观草	*Roegneria kamoji* Ohwi	内蒙古,东乌珠穆沁旗	成熟期
677	鹅观草	*Roegneria kamoji* Ohwi	内蒙古,巴林右旗	成熟期
678	硬叶鹅观草	*Roegneria semicostata* Kitagawa.	内蒙古,呼和浩特市	成熟期
679	硬叶鹅观草	*Roegneria semicostata* Kitagawa.	内蒙古,呼和浩特市	成熟期
680	直穗鹅观草	*Roegneria turczaninouii*(Drob.)Nevski	内蒙古,白银库伦牧场	抽穗期
681	直穗鹅观草	*Roegneria turczaninouii*(Drob.)Nevski	内蒙古,锡林浩特市	开花期
682	疏花鹅观草	*Roegneria laxiflora* Keng	内蒙古,锡林浩特市	开花期
683	中华鹅观草	*Roegneria sinica* Keng	内蒙古,锡林浩特市	开花期
684	多叶鹅观草	*Rongeria foliosa* Keng	内蒙古,锡林浩特市	花谢期
685	短芒鹅观草	*Roegneria intramongolica* Sh.Chen et Gaowua	内蒙古,锡林浩特市	抽穗期
686	短芒鹅观草	*Roegneria intramongolica* Sh.Chen et Gaowua	内蒙古,锡林浩特市	开花—乳熟期
687	短芒鹅观草	*Roegneria intramongolica* Sh.Chen et Gaowua	内蒙古,锡林浩特市	蜡熟期
688	短芒鹅观草	*Roegneria intramongolica* Sh.Chen et Gaowua	内蒙古,东乌珠穆沁旗	成熟期
689	短芒鹅观草	*Roegneria intramongolica* Sh.Chen et Gaowua	内蒙古,锡林浩特市	完熟期

（续表）

化学成分									营养价值			
水分（%）	干物质（%）	占绝对干物质比例（%）					钙（%）	磷（%）	可消化粗蛋白质（g/kg）	总能（Mcal/kg）	消化能（Mcal/kg）	代谢能（Mcal/kg）
		粗蛋白质	粗脂肪	粗纤维	无氮浸出物	粗灰分						
6	94	8.28	2.03	32.66	49.77	7.26			62	4.13	2.57	2.11
6.7	93.3	9.01	2.05	28.64	54.76	5.54			63	4.21	2.79	3.29
9.54	90.46	23.78	2.21	31.11	32.78	10.12	0.48	0.36	217	4.25	2.55	2.09
9.01	90.99	18.84	3.21	30.3	36.46	11.17	0.83	0.2	184	4.18	2.68	2.2
8.76	91.24	14.99	3.14	34.17	37.81	9.89	0.51	0.2	107	4.17	2.54	2.09
7.6	92.4	7.43	0.82	46.48	41.17	4.1			65	4.18	1.38	1.14
8.5	91.5	16.89	4.1	30.83	35.53	12.65			161	4.14	2.78	2.28
10.3	89.7	14.88	1.45	41.76	36.25	5.66			78	4.26	2.09	1.71
8.17	91.83	8.34	2.85	39.38	39.64	9.79	0.3	0.15	72	4.06	2.22	1.82
9.8	90.2	13.7	2.34	36.52	39.46	7.98			75	4.19	2.37	1.95
7.3	92.7	5.18	1.56	42.25	44.45	6.56			41	4.08	1.85	1.52
7.4	92.6	5.05	1.2	35.41	52.17	6.17			35	4.08	2.32	1.91
8.87	91.13	12.34	2.33	33.21	43.38	8.74	0.54	0.15	105	4.14	2.57	2.11
7.2	92.8	6.31	2.04	32.6	51.2	7.85			45	4.07	2.62	2.15
8.24	91.76	7.09	2.14	45.13	40.59	5.05	0.24	0.12	61	4.21	1.58	1.3
5.05	94.95	6.45	2.36	39.29	46.09	5.81			51	4.18	2.06	1.69
5.51	94.49	7.47	2.62	38.06	46.65	5.2	0.53	0.23	59	4.23	2.12	1.74
7.1	92.9	8.6	2.43	32.56	49.44	6.97			65	4.16	2.58	2.12
6.8	93.2	9.33	1.73	45.53	36.65	6.76			86	4.15	1.58	1.3
7.81	92.19	11.48	1.88	38.2	40.85	7.59	0.39	0.2	102	4.15	2.14	1.76
8.42	91.58	14.72	2.02	31.38	42.62	9.26	0.43	0.25	90	4.14	2.54	2.09
10.4	89.6	10.22	1.82	38.71	42.17	7.08			88	4.15	2.09	1.72
8.97	91.03	21.7	3	29.22	35.77	10.31	0.52	0.24	202	4.25	2.65	2.18
8.5	91.5	10.99	2.73	34.3	42.26	9.72			93	4.1	2.56	2.1
7.5	92.5	13.34	2.55	32.28	43.04	8.79			71	4.16	2.53	2.08
7.7	92.3	5.55	1.13	40.54	47.63	5.14			43	4.13	1.9	1.56
7	93	10.53	3.04	33.34	44.94	8.15			86	4.17	2.58	2.12

编号	植物名称	学名	样品来源	物候期与植物部位
690	大芒鹅观草	*Roegneria turczaninouii* var.macrathera (Ohwi) Ohwi	内蒙古，锡林浩特市	孕穗期
691	大芒鹅观草	*Roegneria turczaninouii* var.macrathera (Ohwi) Ohwi	内蒙古，锡林浩特市	花谢期
692	大芒鹅观草	*Roegneria turczaninouii* var.macrathera (Ohwi) Ohwi	内蒙古，白银库伦牧场	结实期
693	大芒鹅观草	*Roegneria turczaninouii* var.macrathera (Ohwi) Ohwi	内蒙古，锡林浩特市	蜡熟期
694	大芒鹅观草	*Roegneria turczaninouii* var.macrathera (Ohwi) Ohwi	内蒙古，锡林浩特市	完熟期
狗尾草属 *Setaria* Beauv.				
695	狗尾草	*Setaria viridis* (L.) Beauv.	内蒙古，锡林浩特市	
696	狗尾草	*Setaria viridis* (L.) Beauv.	内蒙古，锡林浩特市	
697	狗尾草	*Setaria viridis* (L.) Beauv.	内蒙古，锡林浩特市	
698	狗尾草	*Setaria viridis* (L.) Beauv.	内蒙古，锡林浩特市	
699	谷子	*Setaria italica* (L.) Beauv.	内蒙古，镶黄旗	
蜀黍属 *Sorghum* Moench.				
700	苏丹草	*Sorghum sudanense* (Piper) Stapf.	内蒙古，呼和浩特市	种子
701	苏丹草	*Sorghum sudanense* (Piper) Stapf.	内蒙古，呼和浩特市	种子
大油芒属 *Spodiopogon* Trin.				
702	大油芒	*Spodiopogon sibiricus* Trin.	内蒙古，东乌珠穆沁旗	开花期
针茅属 *Stipa* L.				
703	克氏针茅	*Stipa krylovii* Roshev.	内蒙古，阿巴哈纳尔旗	营养期
704	克氏针茅	*Stipa krylovii* Roshev.	内蒙古，正蓝旗	抽穗期
705	克氏针茅	*Stipa krylovii* Roshev.	内蒙古，阿巴哈纳尔旗	抽穗期
706	克氏针茅	*Stipa krylovii* Roshev.	内蒙古，镶黄旗	抽穗期
707	克氏针茅	*Stipa krylovii* Roshev.	内蒙古，锡林浩特市	抽穗期
708	戈壁针茅	*Stipa gobica* Roshev.	内蒙古，镶黄旗	开花期
709	戈壁针茅	*Stipa gobica* Roshev.	内蒙古，锡林浩特市	营养后期
710	短花针茅	*Stipa breuiflora* Griseb.	内蒙古，乌兰察布市	结实期
711	大针茅	*Stipa grandis* P.Smirn.	内蒙古，东乌珠穆沁旗	结实期
712	大针茅	*Stipa grandis* P.Smirn.	内蒙古，锡林浩特市	枯草期
713	贝加尔针茅	*Stipa baicalensis* Roshev.	内蒙古，锡林浩特市	营养期

（续表）

化学成分									营养价值			
水分（%）	干物质（%）	占绝对干物质比例（%）					钙（%）	磷（%）	可消化粗蛋白质（g/kg）	总能（Mcal/kg）	消化能（Mcal/kg）	代谢能（Mcal/kg）
		粗蛋白质	粗脂肪	粗纤维	无氮浸出物	粗灰分						
8.4	91.6	8.89	2.39	36.26	44.88	7.58			72	4.14	2.23	1.91
7.3	92.7	9.27	2.29	41.87	39.95	6.62			82	4.18	1.87	1.53
6.7	93.3	6.13	1.82	36.42	48.45	7.18			46	4.09	2.31	1.89
6.9	93.1	6.87	2.16	44	41.29	5.68			58	4.18	1.69	1.39
7.2	92.8	5.62	2.2	39.57	46.26	6.35			44	4.13	2.06	1.69
6.5	93.5	12.95	2.27	26.96	46.18	11.64			105	4.02	3.14	2.58
6.6	93.4	11.51	2.21	30.6	47.24	8.44			92	4.13	2.75	2.26
7.7	92.3	17.27	2.63	22.18	44.69	13.23			152	4.04	2.97	2.44
7.1	92.9	7.56	2.12	23.29	57.96	9.07			48	4.04	3.35	2.75
6.9	93.1	12.56	1.99	28.4	47.29	9.72			101	4.08	2.94	2.42
9.81	90.82	7.73	3.45	7.42	75.05	4.35	0.08	0.29	43	4.34	4.35	3.57
8.94	91.06	12.72	3.51	5.47	73.25	5.05	0.11	0.43	61	4.36	4.5	3.69
7.4	92.6	5.05	1.7	29.88	57.63	5.74			32	4.12	2.73	2.24
7	93	16.59	2.52	24.92	46.86	9.11			115	4.2	2.72	2.23
6.5	93.5	10.57	2.02	27.42	55.55	4.44			74	4.28	2.82	2.31
7.7	92.3	15.93	2.43	27.61	47.17	6.89			92	4.28	2.55	2.1
7.3	92.7	13.52	2.36	27.03	52.58	4.51			45	4.34	2.48	2.03
7.6	92.4	9.79	2.5	30	52.11	5.6			72	4.24	2.7	2.22
7	93	9.05	2.59	28.62	55.12	4.62			63	4.28	2.77	2.28
8.6	91.4	10.48	6.22	27.77	47.97	7.56			81	4.36	3.1	2.54
6.88	92.09	10.75	2.08	41.9	40.89	4.38	1.62	0.13	96	4.29	1.75	1.44
7.6	92.4	7.07	4.58	30.72	53.19	4.44			49	4.36	2.72	2.23
8.05	91.15	1.43	2.13	40.02	49.53	6.89	0.67	0.02	10	4.04	2.09	1.72
5.47	94.53	5.52	2.25	43.38	42.8	6.05	0.04	0.09	45	4.15	1.77	1.45

编号	植物名称	学名	样品来源	物候期与植物部位
714	贝加尔针茅	*Stipa baicalensis* Roshev.	内蒙古,呼伦贝尔市	抽穗期
715	贝加尔针茅	*Stipa baicalensis* Roshev.	内蒙古,东乌珠穆沁旗	抽穗期
716	贝加尔针茅	*Stipa baicalensis* Roshev.	内蒙古,锡林浩特市	开花期
717	贝加尔针茅	*Stipa baicalensis* Roshev.	内蒙古,东乌珠穆沁旗	结实期
718	贝加尔针茅	*Stipa baicalensis* Roshev.	内蒙古,白银库伦牧场	结实期
719	针茅	*Stipa capillate* L.	内蒙古,锡林浩特市	营养期
720	针茅	*Stipa capillate* L.	内蒙古,锡林浩特市	营养期
721	针茅	*Stipa capillate* L.	内蒙古,巴林右旗	抽穗期
722	针茅	*Stipa capillate* L.	内蒙古,东乌珠穆沁旗	结实期
723	针茅	*Stipa capillate* L.	内蒙古,东乌珠穆沁旗	结实期
724	针茅	*Stipa capillate* L.	内蒙古,东乌珠穆沁旗	结实期
725	针茅	*Stipa capillate* L.	内蒙古,东乌珠穆沁旗	结实期
726	针茅	*Stipa capillate* L.	内蒙古,东乌珠穆沁旗	结实期
727	针茅	*Stipa capillate* L.	内蒙古,东乌珠穆沁旗	结实期
728	针茅	*Stipa capillate* L.	内蒙古,东乌珠穆沁旗	结实期
729	针茅	*Stipa capillate* L.	内蒙古,锡林浩特市	结实期
730	针茅	*Stipa capillate* L.	内蒙古,锡林浩特市	结实期
731	针茅	*Stipa capillate* L.	内蒙古,锡林浩特市	结实期
732	针茅	*Stipa capillate* L.	内蒙古,锡林浩特市	结实期
733	针茅	*Stipa capillate* L.	内蒙古,锡林浩特市	结实期
734	针茅	*Stipa capillate* L.	内蒙古,锡林浩特市	结实期
735	针茅	*Stipa capillate* L.	内蒙古,东乌珠穆沁旗	结实期
736	针茅	*Stipa capillate* L.	内蒙古,锡林浩特市	枯草期
737	针茅	*Stipa capillate* L.	内蒙古,锡林浩特市	枯草期
小黑麦属 *Secale*				
738	小黑麦	*Secale sylvestre* Host	内蒙古,锡林浩特市	成熟期,秸秆
739	小黑麦	*Secale sylvestre* Host	内蒙古,锡林浩特市	成熟期,秸秆
740	小黑麦	*Secale sylvestre* Host	内蒙古,锡林浩特市	成熟期,秸秆
741	小黑麦	*Secale sylvestre* Host	内蒙古,锡林浩特市	成熟期,秸秆
742	小黑麦	*Secale sylvestre* Host	内蒙古,锡林浩特市	成熟期,秸秆
743	小黑麦	*Secale sylvestre* Host	内蒙古,锡林浩特市	成熟期,秸秆
744	小黑麦	*Secale sylvestre* Host	内蒙古,锡林浩特市	成熟期,秸秆

（续表）

化学成分									营养价值			
水分（%）	干物质（%）	占绝对干物质比例（%）					钙（%）	磷（%）	可消化粗蛋白质（g/kg）	总能（Mcal/kg）	消化能（Mcal/kg）	代谢能（Mcal/kg）
		粗蛋白质	粗脂肪	粗纤维	无氮浸出物	粗灰分						
6.14	93.86	6.37	1.75	47.89	39.58	4.41	0.07	0.09	56	4.2	1.34	1.1
6	94	5.94	3.06	20.94	65.8	4.26			32	4.27	3.38	2.77
4.47	95.53	4.38	1.3	45.58	41.15	4.59	0.04	0.09	37	4.14	1.3	1.07
6.7	93.3	6.85	3.24	37.29	48.11	4.51			52	4.28	2.18	1.79
6.9	93.1	6.76	2.72	35.96	50.47	4.09			50	4.27	2.24	1.84
5	95	16.48	30.67	30.67	44.37	5.31	0.3	0.19	99	4.39	2.43	2
6.48	93.52	15.5	28.19	28.19	48.61	5.5	0.43	0.15	76	4.32	2.47	2.03
5.96	94.04	8.32	44.35	44.35	38.46	5.08	0.54	0.08	77	4.28	2.55	2.1
8.86	91.14	6.56	2.58	30.09	45.32	6.45	0.32	0.11	52	4.16	2.11	1.73
9.07	90.53	6.97	2.26	42.18	43.12	5.47	0.16	0.1	58	4.19	1.82	1.49
8.76	91.24	8.04	4.18	38.05	42.49	7.24	0.95	0.11	67	4.23	2.27	1.86
9.12	90.88	8.47	3.91	40.45	40.38	6.79	0.95	0.09	73	4.25	2.06	1.69
8.52	91.48	9	4.1	37.92	41.03	7.95	0.79	0.1	77	4.21	2.29	1.88
8.37	91.63	8.03	4.09	26.41	52.41	9.06	0.71	0.13	56	4.15	3.2	2.62
8.75	91.25	6.87	2.58	25.5	58.71	6.34	0.28	0.12	43	4.17	3.1	2.54
6.02	93.67	6.69	2.78	34.35	50.37	5.81	0.4	0.11	49	4.2	2.44	2
6.93	93.07	10.68	4.41	32.15	47.03	5.73	0.63	0.13	85	4.35	2.62	2.15
5.81	94.19	8.75	5.25	33.61	46.98	5.41	0.66	0.14	68	4.38	2.56	2.1
7.01	92.99	7.49	2.77	39.1	46.03	4.61	0.44	0.1	60	4.26	2.03	1.66
6.63	93.37	8.69	3.35	34.36	48.26	5.34	0.55	0.11	67	4.28	2.42	1.99
7.05	92.95	9.85	3.61	38.38	42.58	5.58	0.59	0.13	84	4.3	2.13	1.75
8.17	93.83	6.97	2.8	34.92	48.9	6.41			52	4.18	2.42	1.98
6.65	93.35	5.8	2.94	29.65	55.11	6.5	0.54	0.05	37	4.14	1.3	1.07
7.14	92.86	3.68	2.69	37.78	51.76	4.09	0.29	0.04	26	4.22	2.14	1.76
8.06	91.94	6.29	1.38	45.54	34.81	11.98	0.37	0.2	57	3.86	1.82	1.49
8.97	91.21	7.53	1.57	40.83	38.57	11.5	0.44	0.23	65	3.91	2.14	1.76
8.47	91.53	6.77	1.53	42.69	37.66	11.35	0.3	0.23	59	3.9	2	1.64
8.6	91.4	6.08	1.03	46.77	34.38	11.74	0.59	0.2	56	3.85	1.7	1.4
7.86	92.14	5.34	1.09	47.49	35.64	10.44	0.33	0.18	48	3.9	1.61	1.32
9.05	90.95	5.88	1.42	43.2	37.82	11.68	0.44	0.19	51	3.87	1.98	1.63
8.14	91.86	5.47	1.01	44.9	37.03	11.59	0.45	0.18	48	3.85	1.84	1.51

编号	植物名称	学名	样品来源	物候期与植物部位
745	小黑麦	*Secale sylvestre* Host	内蒙古,锡林浩特市	成熟期,秸秆
746	小黑麦	*Secale sylvestre* Host	内蒙古,锡林浩特市	成熟期,秸秆
747	小黑麦	*Secale sylvestre* Host	内蒙古,锡林浩特市	成熟期,秸秆
748	小黑麦	*Secale sylvestre* Host	内蒙古,锡林浩特市	成熟期,秸秆
749	小黑麦	*Secale sylvestre* Host	内蒙古,锡林浩特市	成熟期,秸秆
750	小黑麦	*Secale sylvestre* Host	内蒙古,锡林浩特市	成熟期,秸秆
751	小黑麦	*Secale sylvestre* Host	内蒙古,锡林浩特市	成熟期,秸秆
752	小黑麦	*Secale sylvestre* Host	内蒙古,锡林浩特市	成熟期,秸秆
753	小黑麦	*Secale sylvestre* Host	内蒙古,锡林浩特市	成熟期,秸秆
754	小黑麦	*Secale sylvestre* Host	内蒙古,锡林浩特市	成熟期,秸秆
755	小黑麦	*Secale sylvestre* Host	内蒙古,锡林浩特市	成熟期,秸秆
756	小黑麦	*Secale sylvestre* Host	内蒙古,锡林浩特市	成熟期,秸秆
757	小黑麦	*Secale sylvestre* Host	内蒙古,锡林浩特市	成熟期,秸秆
758	小黑麦	*Secale sylvestre* Host	内蒙古,锡林浩特市	成熟期,秸秆
759	小黑麦	*Secale sylvestre* Host	内蒙古,锡林浩特市	成熟期,秸秆
760	小黑麦	*Secale sylvestre* Host	内蒙古,锡林浩特市	成熟期,秸秆
761	小黑麦	*Secale sylvestre* Host	内蒙古,锡林浩特市	成熟期,秸秆
762	小黑麦	*Secale sylvestre* Host	内蒙古,锡林浩特市	成熟期,秸秆
763	小黑麦	*Secale sylvestre* Host	内蒙古,锡林浩特市	成熟期,秸秆
764	小黑麦	*Secale sylvestre* Host	内蒙古,锡林浩特市	成熟期,秸秆
765	小黑麦	*Secale sylvestre* Host	内蒙古,锡林浩特市	成熟期,籽实
766	小黑麦	*Secale sylvestre* Host	内蒙古,锡林浩特市	成熟期,籽实
767	小黑麦	*Secale sylvestre* Host	内蒙古,锡林浩特市	成熟期,籽实
768	小黑麦	*Secale sylvestre* Host	内蒙古,锡林浩特市	成熟期,籽实
769	小黑麦	*Secale sylvestre* Host	内蒙古,锡林浩特市	成熟期,籽实
770	小黑麦	*Secale sylvestre* Host	内蒙古,锡林浩特市	成熟期,籽实
771	小黑麦	*Secale sylvestre* Host	内蒙古,锡林浩特市	成熟期,籽实
772	小黑麦	*Secale sylvestre* Host	内蒙古,锡林浩特市	成熟期,籽实
773	小黑麦	*Secale sylvestre* Host	内蒙古,锡林浩特市	成熟期,籽实
774	小黑麦	*Secale sylvestre* Host	内蒙古,锡林浩特市	成熟期,籽实
775	小黑麦	*Secale sylvestre* Host	内蒙古,锡林浩特市	成熟期,籽实
776	小黑麦	*Secale sylvestre* Host	内蒙古,锡林浩特市	成熟期,籽实

（续表）

化学成分									营养价值			
水分（%）	干物质（%）	占绝对干物质比例（%）					钙（%）	磷（%）	可消化粗蛋白质（g/kg）	总能（Mcal/kg）	消化能（Mcal/kg）	代谢能（Mcal/kg）
		粗蛋白质	粗脂肪	粗纤维	无氮浸出物	粗灰分						
7.88	92.12	6.96	1.26	42.66	37.08	12.04	0.24	0.17	61	3.86	2.02	1.66
7.62	92.38	7.17	1.52	42.33	36.9	12.08	0.39	0.2	64	3.88	2.05	1.69
8.11	91.8	5.43	1.25	46.9	34.75	11.67	0.37	0.23	49	3.86	1.71	1.4
8.21	91.79	6.72	1.35	43.19	37.99	10.75	0.44	0.22	59	3.92	1.93	1.59
9.47	90.53	7.57	1.93	38.19	43.57	8.74	0.3	0.2	62	4.05	2.23	1.83
9.37	90.63	8.67	2.07	42.6	35.45	11.21	0.59	0.22	79	3.97	2.01	1.65
8.79	91.21	7.79	1.64	39.81	37.67	13.09	0.33	0.21	68	3.85	2.28	1.87
8.9	91.1	9.44	1.78	39.16	37.87	11.75	0.44	0.24	84	3.94	2.26	1.86
8.48	91.52	9.12	1.42	42.32	32.44	14.7	0.45	0.21	86	3.79	2.14	1.76
8.01	91.99	12.14	1.79	38.64	35.27	12.16	0.24	0.28	114	3.96	2.29	1.88
8.68	91.14	9.92	1.68	35.81	35.68	16.91	0.39	0.2	89	3.73	2.71	2.23
8.98	91.02	7.65	1.42	39.76	39.09	12.38	0.43	0.2	66	3.88	2.23	1.83
7.98	92.02	8.68	1.29	35.14	39.77	15.12	0.51	0.21	74	3.76	2.68	2.2
9.26	90.74	11.19	1.42	40.5	35.24	11.64	0.36	0.2	105	3.95	2.12	1.74
9	91	8.75	1.17	42.01	33.95	14.12	0.24	0.56	81	3.8	2.13	1.75
7.12	92.88	4.9	1.09	45	38.35	10.66	0.39	0.19	42	3.88	1.8	1.48
7.56	92.44	5.01	1.08	48.42	35.49	10	0.18	0.2	45	3.91	1.52	1.25
7.67	92.23	4.22	1.21	50.61	34.18	9.78	0.14	0.15	38	3.92	1.37	1.12
7.33	92.67	3.92	0.7	49.21	35.02	11.15	0.35	0.12	35	3.83	1.51	1.24
8.5	91.5	3.99	0.62	50.74	33.56	11.09	0.2	0.11	36	3.83	1.39	1.14
10.18	89.82	21.1	2.09	5.32	68.03	3.64	0.2	0.55	163	4.48	5.21	4.28
10.08	89.92	20.33	1.33	4.63	70.31	3.4	0.2	0.55	157	4.43	5.22	5.28
9.8	90.2	24.39	1.62	4.16	66.85	2.98	0.2	0.48	195	4.52	5.25	4.31
9.89	90.11	27.48	1.45	6.19	60.53	4.35	0.24	0.53	223	4.5	5.06	4.15
9.7	90.3	27.36	1.56	6.53	62.33	2.22	0.32	0.5	225	4.6	5.15	4.23
9.69	90.31	24.03	1.72	4.82	66.47	2.96	2.14	0.59	191	4.53	5.23	4.29
10.03	89.97	27.41	1.17	4.16	63.89	3.37	0.2	0.6	224	4.53	5.2	4.27
10.07	89.93	18.63	1.31	5.19	71.79	3.08	0.08	0.47	143	4.42	5.22	4.28
9.93	90.07	17.09	1.25	5.92	73.23	2.51	0.08	0.5	117	4.42	2.46	2.02
10.04	89.96	17.8	1.7	5.71	72.26	2.53	0.08	0.59	122	4.45	2.36	1.94
10.98	89.02	18.53	1.44	5.48	71.46	2.91	0.1	0.62	142	4.43	5.22	4.28
11.26	88.74	16.34	1.4	4.63	74.96	2.67	0.1	0.62	107	4.41	2.56	2.1

编号	植物名称	学名	样品来源	物候期与植物部位
777	小黑麦	*Secale sylvestre* Host	内蒙古,锡林浩特市	成熟期,籽实
778	小黑麦	*Secale sylvestre* Host	内蒙古,锡林浩特市	成熟期,籽实
779	小黑麦	*Secale sylvestre* Host	内蒙古,锡林浩特市	成熟期,籽实
780	小黑麦	*Secale sylvestre* Host	内蒙古,锡林浩特市	成熟期,籽实
781	小黑麦	*Secale sylvestre* Host	内蒙古,锡林浩特市	成熟期,籽实
782	小黑麦	*Secale sylvestre* Host	内蒙古,锡林浩特市	成熟期,籽实
783	小黑麦	*Secale sylvestre* Host	内蒙古,呼和浩特市	乳熟期
784	小黑麦	*Secale sylvestre* Host	内蒙古,呼和浩特市	乳熟期
785	小黑麦	*Secale sylvestre* Host	内蒙古,呼和浩特市	乳熟期
786	小黑麦	*Secale sylvestre* Host	内蒙古,呼和浩特市	乳熟期
787	小黑麦	*Secale sylvestre* Host	内蒙古,呼和浩特市	乳熟期
788	小黑麦	*Secale sylvestre* Host	内蒙古,呼和浩特市	乳熟期
789	小黑麦	*Secale sylvestre* Host	内蒙古,呼和浩特市	乳熟期
790	小黑麦	*Secale sylvestre* Host	内蒙古,呼和浩特市	乳熟期
791	小黑麦	*Secale sylvestre* Host	内蒙古,呼和浩特市	乳熟期
792	小黑麦	*Secale sylvestre* Host	内蒙古,呼和浩特市	乳熟期
793	小黑麦	*Secale sylvestre* Host	内蒙古,呼和浩特市	乳熟期
794	小黑麦	*Secale sylvestre* Host	内蒙古,呼和浩特市	乳熟期
795	小黑麦	*Secale sylvestre* Host	内蒙古,呼和浩特市	乳熟期
796	小黑麦	*Secale sylvestre* Host	内蒙古,呼和浩特市	乳熟期
三毛草属 *Trisetum* Pers.				
797	西伯利亚三毛草	*Trisetum sibiricum* Rupr.	内蒙古,东乌珠穆沁旗	结实期
菰属 *Zizania* L.				
798	菰	*Zizania latifolia*(Griseb.) Stapf.	内蒙古,锡林浩特市	开花期
黄芪属 *Astragalus* L.				
799	沙打旺	*Astragalus adsurgens* Pall.	内蒙古,巴林右旗	开花期
800	沙打旺	*Astragalus adsurgens* Pall.	内蒙古,清水河	开花期
801	沙打旺	*Astragalus adsurgens* Pall.	内蒙古,清水河	成熟期
802	沙打旺	*Astragalus adsurgens* Pall.	内蒙古,锡林浩特市	成熟期
803	沙打旺	*Astragalus adsurgens* Pall.	内蒙古,呼和浩特市	种子
804	沙打旺	*Astragalus adsurgens* Pall.	内蒙古,呼和浩特市	种子

（续表）

化学成分									营养价值			
水分（%）	干物质（%）	占绝对干物质比例（%）					钙（%）	磷（%）	可消化粗蛋白质（g/kg）	总能（Mcal/kg）	消化能（Mcal/kg）	代谢能（Mcal/kg）
		粗蛋白质	粗脂肪	粗纤维	无氮浸出物	粗灰分						
10.47	89.53	16.21	1.36	4.65	75.27	2.51	0.08	0.57	106	4.41	2.58	2.12
9.64	90.36	16.33	1.47	5.19	74.87	2.14	0.04	0.52	108	4.43	2.57	2.11
9.76	90.24	18.16	1.47	3.93	73.97	2.47	0.12	0.64	139	4.45	5.32	4.36
9.99	90.01	20.44	1.34	3.76	72.1	2.36	0.08	0.56	159	4.48	5.31	4.36
11.49	88.51	20.03	1.59	3.43	72.07	2.88	0.08	0.64	154	4.46	5.32	4.36
11.04	88.96	23.63	1.71	4.89	67.09	2.68	0.04	0.6	188	4.53	5.24	4.3
7.64	92.36	8.33	1.42	34.45	48.88	5.92	0.15	0.17	64	4.15	2.29	1.88
8.31	91.69	8.63	1.77	36.61	47.02	5.97	0.26	0.18	68	4.17	2.21	1.82
9.11	90.89	7.29	1.57	34.86	51.16	5.12	0.19	0.15	53	4.18	2.31	1.9
10.69	89.31	7.42	1.5	35.26	50.56	5.26	0.19	0.13	55	4.17	2.28	1.88
5.52	91.48	7.25	1.66	33.93	51.84	5.32	0.26	0.1	52	4.17	2.39	1.96
11.47	88.53	7.44	1.24	37.18	49.25	4.89	0.16	0.1	57	4.17	2.12	1.74
10.76	89.24	6.22	1.49	38.18	49	5.11	0.19	0.15	47	4.11	2.12	1.74
8.35	91.65	9.84	1.4	30.09	53.46	5.21	0.22	0.14	71	4.2	2.63	2.16
10.08	89.92	9.83	1.52	30.07	53.58	5	0.23	0.17	71	4.22	2.63	2.16
9.15	90.85	10.02	1.77	27.57	53.34	7.3	0.49	0.15	72	4.14	2.92	2.4
9.25	90.75	9.25	1.51	32.75	50.39	6.1	0.34	0.18	70	4.16	2.49	2.04
9.03	90.97	8.55	1.59	35.09	49.19	5.6	0.34	0.13	65	4.18	2.3	1.89
9.3	90.7	9.5	1.57	36.54	45.98	6.41	0.27	0.14	77	4.15	2.22	1.82
8.91	91.09	9.22	1.27	30.6	52.41	6.5	0.23	0.15	67	4.13	2.65	2.18
7.6	92.4	4.13	1.7	39.58	46.87	7.72			31	4.03	2.11	1.73
8.55	91.45	7.7	1.37	39.46	36.14	15.33	0.49	0.24	68	3.74	2.39	1.96
9.82	90.18	17.27	3.06	22.06	49.98	7.66	3.27	0.15	116	4.3	2.76	2.26
8.48	91.52	12.18	1.36	30.21	49.03	7.22	3.13	0.09	41	4.15	2.47	2.03
8.2	91.8	7.48	1.35	40.4	45.75	5.02	1.68	0.07	59	4.2	2.63	2.16
8.7	91.3	9.26	0.76	32.61	51.73	5.64			69	4.14	2.45	2.01
6.92	93.08	42.07	4.35	12.34	36.87	4.37	0.22	0.54	374	4.87	4.81	3.95
7.41	92.59	38.39	2.32	12.71	39.94	6.64	0.48	0.57	333	3.62	4.6	2.78

编号	植物名称	学名	样品来源	物候期与植物部位
805	黄芪	*Astragalus membranaceus*(Fisch.)Bge.	内蒙古,巴林右旗	开花期
806	直立黄芪	*Astragalus adsurgens* Pall.	内蒙古,巴林右旗	开花期
807	直立黄芪	*Astragalus adsurgens* Pall.	内蒙古,锡林浩特市	开花期
808	草木樨状黄芪	*Astragalus melilotoides* Pall.	内蒙古,锡林浩特市	开花期
809	草木樨状黄芪	*Astragalus melilotoides* Pall.	内蒙古,呼伦贝尔市	开花期
810	草木樨状黄芪	*Astragalus melilotoides* Pall.	内蒙古,呼和浩特市	种子
811	草木樨状黄芪	*Astragalus melilotoides* Pall.	内蒙古,呼和浩特市	种子
锦鸡儿属 *Caragana* Fabr.				
812	小叶锦鸡儿	*Caragana microphhylla* Lam.	内蒙古,锡林浩特市	营养期
813	小叶锦鸡儿	*Caragana microphhylla* Lam.	内蒙古,锡林浩特市	营养期
814	小叶锦鸡儿	*Caragana microphhylla* Lam.	内蒙古,呼和浩特市	种子
815	小叶锦鸡儿	*Caragana microphhylla* Lam.	内蒙古,锡林浩特市	枯草期
816	小叶锦鸡儿	*Caragana microphhylla* Lam.	内蒙古,锡林浩特市	枯草期
817	中间锦鸡儿	*Caragana intermedia* Kuang et H.C.Fu.	内蒙古,达拉特旗	营养期
818	中间锦鸡儿	*Caragana intermedia* Kuang et H.C.Fu.	内蒙古,杭锦旗	开花期,叶
819	中间锦鸡儿	*Caragana intermedia* Kuang et H.C.Fu.	内蒙古,杭锦旗	开花期,茎
820	中间锦鸡儿	*Caragana intermedia* Kuang et H.C.Fu.	内蒙古,杭锦旗	开花期
821	中间锦鸡儿	*Caragana intermedia* Kuang et H.C.Fu.	内蒙古,伊克昭盟杭锦旗	盛花期,生殖枝
822	柠条锦鸡儿	*Caragana korshinskii* Kom.	内蒙古,杭锦旗	开花期,茎
823	柠条锦鸡儿	*Caragana korshinskii* Kom.	内蒙古,杭锦旗	开花期,叶
824	柠条锦鸡儿	*Caragana korshinskii* Kom.	内蒙古,杭锦旗	开花期
825	柠条锦鸡儿	*Caragana korshinskii* Kom.	内蒙古,杭锦旗	开花期,生殖枝
826	柠条锦鸡儿	*Caragana korshinskii* Kom.	内蒙古,呼和浩特市	种子
827	柠条锦鸡儿	*Caragana korshinskii* Kom.	内蒙古,呼和浩特市	种子
828	锦鸡儿	*Caragana chamlagu* Lam.	内蒙古,锡林浩特市	开花期
鹰嘴豆属 *Cicer* L.				
829	鹰嘴豆	*Cicer arietinum* L.	内蒙古,锡林浩特市	籽实
大豆属 *Glycine* L.				
830	大豆	*Glycine max* (L.)Merr.	内蒙古,锡林浩特市	种子
831	野大豆	*Glycine soja* Sieb. et Zucc.	内蒙古,巴林右旗	开花期
苜蓿属 *Medicago* L.				
832	紫花苜蓿	*Medicago sativa* L.	内蒙古,锡林浩特市	营养期

（续表）

化学成分									营养价值			
水分（%）	干物质（%）	占绝对干物质比例（%）					钙（%）	磷（%）	可消化粗蛋白质（g/kg）	总能（Mcal/kg）	消化能（Mcal/kg）	代谢能（Mcal/kg）
		粗蛋白质	粗脂肪	粗纤维	无氮浸出物	粗灰分						
9.34	90.66	18.23	1.52	33.86	39.96	6.43	1.63	0.2	129	4.28	2.32	1.9
9.56	90.44	14.79	1.93	36.69	40.22	6.37	2	0.17	79	4.25	2.27	1.87
8.8	91.2	21.22	1.62	26.84	38	12.32			200	4.09	2.74	2.25
6.14	93.86	16.3	0.92	37.75	40.56	4.47	0.75	0.18	84	4.3	2.11	1.74
7.78	92.22	25.87	1.86	27.62	39.09	5.56	1.06	0.26	236	4.45	2.42	1.99
8.31	91.69	29.16	1.91	29.3	34.21	5.42	0.75	0.46	246	4.51	3.88	3.18
7.96	92.04	29.59	2.07	20.25	42.51	5.58	0.67	0.51	246	4.52	4.32	3.55
6.67	93.33	19.41	2.45	33.12	38.33	6.69	1.62	0.18	159	4.34	2.38	1.95
8.06	91.94	22.34	2.38	24.98	44.79	5.51	1.39	0.23	199	4.43	2.53	2.08
7.06	92.94	29.21	12.75	6.92	47.91	3.21	0.3	0.39	222	5.17	5.59	4.59
7.79	92.21	11.51	2.93	37.59	44.15	3.82	1.46	0.1	98	4.36	2.07	1.7
6.18	93.82	12.03	2.5	47.76	34.03	3.58	1.33	0.09	119	4.36	1.29	1.06
8.87	91.13	16.97	2.38	34.55	40.34	5.78	1.79	0.15	109	4.34	2.31	1.9
9.13	90.87	31.61	2.3	23.39	34.85	7.85	1.96	0.3	286	4.46	2.62	2.15
8.62	91.38	11.12	2.57	54.22	27.17	4.92	1.83	0.1	97	4.29	0.88	0.73
10.83	89.17	30.73	2	16.97	44.4	5.9	0.61	0.32	286	4.52	2.7	2.22
6.67	93.33	11.05	2.57	30.14	50.31	5.93	1.52	0.24	84	4.25	2.7	2.21
6.6	93.4	10.88	2.97	47.46	33.71	4.98	1.52	0.09	106	4.31	1.4	1.15
9.18	90.82	28.71	2.12	28.65	33.51	7.01	1.76	0.29	257	4.46	2.45	2.01
13.82	86.18	26.67	2.08	19.44	46.23	5.58	0.8	0.34	251	4.47	2.65	2.17
10.45	89.55	18.26	2.46	35.46	38.04	5.78	1.58	0.2	134	4.36	2.29	1.88
7.26	92.74	30.71	10.69	13.27	42.22	3.11	0.26	0.39	243	5.09	5.18	4.25
7.49	92.51	31.26	10.65	10.61	43.46	4.02	0.19	0.36	245	5.05	5.26	4.32
7.73	92.27	20.14	2.35	36.6	34.75	6.16	1.02	0.15	174	4.37	2.26	1.85
10.03	89.97	17.75	6.78	17.98	53.41	4.08	0.18	0.39	131	4.65	4.79	3.93
8.76	91.24	35.81	19.68	5.37	33.35	5.79	0.36	0.74	264	5.52	5.83	4.78
10.58	89.42	18.77	1.58	29.97	42.71	6.97	1.66	0.2	138	4.27	2.44	2.01
9.58	90.42	25.55	1.98	23.68	39.32	9.47	2.56	0.26	238	4.29	2.7	2.22

编号	植物名称	学名	样品来源	物候期与植物部位
833	紫花苜蓿	*Medicago sativa* L.	内蒙古,锡林浩特市	现蕾期
834	紫花苜蓿	*Medicago sativa* L.	内蒙古,锡林浩特市	现蕾期
835	紫花苜蓿	*Medicago sativa* L.	内蒙古,锡林浩特市	现蕾期
836	紫花苜蓿	*Medicago sativa* L.	内蒙古,锡林浩特市	现蕾期
837	紫花苜蓿	*Medicago sativa* L.	内蒙古,锡林浩特市	现蕾期
838	紫花苜蓿	*Medicago sativa* L.	内蒙古,呼和浩特市	开花期
839	紫花苜蓿	*Medicago sativa* L.	内蒙古,呼和浩特市	开花期
840	紫花苜蓿	*Medicago sativa* L.	内蒙古,呼和浩特市	开花期
841	紫花苜蓿	*Medicago sativa* L.	内蒙古,呼和浩特市	开花期
842	紫花苜蓿	*Medicago sativa* L.	内蒙古,呼和浩特市	开花期
843	紫花苜蓿	*Medicago sativa* L.	内蒙古,呼和浩特市	开花期
844	紫花苜蓿	*Medicago sativa* L.	内蒙古,呼和浩特市	开花期
845	紫花苜蓿	*Medicago sativa* L.	内蒙古,呼和浩特市	开花期
846	紫花苜蓿	*Medicago sativa* L.	内蒙古,呼和浩特市	开花期
847	紫花苜蓿	*Medicago sativa* L.	内蒙古,呼和浩特市	开花期
848	紫花苜蓿	*Medicago sativa* L.	内蒙古,呼和浩特市	开花期
849	紫花苜蓿	*Medicago sativa* L.	内蒙古,呼和浩特市	开花期
850	紫花苜蓿	*Medicago sativa* L.	内蒙古,呼和浩特市	开花期
851	紫花苜蓿	*Medicago sativa* L.	内蒙古,呼和浩特市	开花期
852	紫花苜蓿	*Medicago sativa* L.	内蒙古,呼和浩特市	开花期
853	紫花苜蓿	*Medicago sativa* L.	内蒙古,呼和浩特市	开花期
854	紫花苜蓿	*Medicago sativa* L.	内蒙古,呼和浩特市	开花期
855	紫花苜蓿	*Medicago sativa* L.	内蒙古,呼和浩特市	开花期
856	紫花苜蓿	*Medicago sativa* L.	内蒙古,呼和浩特市	开花期
857	紫花苜蓿	*Medicago sativa* L.	内蒙古,呼和浩特市	开花期
858	紫花苜蓿	*Medicago sativa* L.	内蒙古,呼和浩特市	开花期
859	紫花苜蓿	*Medicago sativa* L.	内蒙古,呼和浩特市	开花期
860	紫花苜蓿	*Medicago sativa* L.	内蒙古,呼和浩特市	开花期
861	紫花苜蓿	*Medicago sativa* L.	内蒙古,锡林浩特市	开花期
862	紫花苜蓿	*Medicago sativa* L.	内蒙古,锡林浩特市	开花期
863	紫花苜蓿	*Medicago sativa* L.	内蒙古,锡林浩特市	开花期
864	紫花苜蓿	*Medicago sativa* L.	内蒙古,锡林浩特市	开花期

（续表）

化学成分									营养价值			
水分（%）	干物质（%）	占绝对干物质比例（%）					钙（%）	磷（%）	可消化粗蛋白质（g/kg）	总能（Mcal/kg）	消化能（Mcal/kg）	代谢能（Mcal/kg）
		粗蛋白质	粗脂肪	粗纤维	无氮浸出物	粗灰分						
9	91	21.96	1.4	33.93	35.35	7.36			121	4.29	2.33	1.91
8.7	91.3	23.08	0.96	37.55	29.68	8.73			205	4.23	2.27	1.86
10.1	89.9	21.72	1.07	37.89	30.86	8.46			194	4.23	2.26	1.85
8.73	91.27	12.08	1.07	35.3	44.3	7.25	1.7	0.21	103	4.13	2.3	1.89
10.15	89.85	20.5	1.68	34.06	36.04	7.72	1.09	0.24	185	4.27	2.36	1.94
9.01	90.99	18.29	1.91	27.32	44.29	8.19	1.55	0.18	137	4.23	2.58	2.12
9.34	90.66	16.51	1.65	32.79	40.53	8.52	1.63	0.16	113	4.18	2.45	2.01
8.16	91.84	18.61	2.04	27.15	43.47	8.73	1.76	0.15	148	4.23	2.61	2.15
8.99	91.01	17.46	1.92	28.05	43.79	8.78	1.79	0.16	127	4.19	2.59	2.13
7.99	92.01	15.48	1.95	33.67	40.88	8.02	1.81	0.16	96	4.2	2.42	1.99
8.6	91.4	15.39	1.78	33.19	41.98	7.66	1.46	0.15	91	4.2	2.41	1.98
6.8	93.2	16.47	1.73	34.88	38.99	7.93	1.55	0.18	111	4.2	2.37	1.95
9.31	90.69	18.89	2.03	31.85	37.49	9.74	1.76	0.15	167	4.18	2.53	2.08
8.68	91.32	17.65	1.7	35.86	35.79	9.01	1.4	0.18	141	4.17	2.38	1.96
10.02	89.98	13.61	1.42	45.3	31.78	7.89	1.53	0.15	77	4.15	2.09	1.72
8.03	91.97	17.45	1.53	34.26	38.8	7.96	1.65	0.16	126	4.21	2.38	1.95
9.58	90.42	15.47	1.62	35.74	39.18	7.72	1.53	0.14	98	4.2	2.34	1.92
7.98	92.02	16.75	1.62	32.54	41.02	8.07	1.78	0.14	113	4.2	2.43	2
9.43	90.57	16.64	1.62	35.65	37.07	9.02	1.62	0.14	122	4.2	2.39	1.96
8.28	91.72	17.06	1.65	30.67	41.48	9.14	1.84	0.14	124	4.16	2.53	2.08
9.34	90.6	14.68	1.43	37.11	38.91	7.87	1.78	0.12	84	4.16	2.31	1.89
9.99	90.01	16.65	1.6	41.82	31.51	8.42	1.63	0.14	125	4.18	2.2	1.81
7.71	92.29	16.82	2.04	30.26	42.47	8.41	2.12	0.13	117	4.21	2.53	2.07
8.52	91.48	17.38	1.71	30.78	41.43	8.7	1.73	0.15	127	4.18	2.51	2.06
8.75	91.25	14.35	1.77	29.75	46	8.13	2.31	0.12	75	4.17	2.53	2.08
9.98	90.02	17.28	1.32	33.38	39.23	8.79	1.83	0.15	127	4.16	2.43	1.99
8.54	91.46	18.59	1.41	40.07	33.47	6.46	1.49	0.26	143	4.28	2.15	1.76
8.36	91.64	18.97	1.7	37.29	35.29	6.75	1.77	0.28	151	4.29	2.24	1.84
9.78	90.22	15.71	1.59	39.05	37.27	6.38	1.52	0.24	93	4.25	2.19	1.8
9.55	90.45	16.74	1.39	38.06	36.55	7.26	1.41	0.31	113	4.22	2.24	1.84
8.64	91.6	14.58	1.25	41.2	36.49	6.48	1.38	0.29	77	4.21	2.13	1.75
8.47	91.53	16.1	1.27	42.96	33.03	6.64	1.62	0.24	103	4.23	2.08	1.71

编号	植物名称	学名	样品来源	物候期与植物部位
865	紫花苜蓿	*Medicago sativa* L.	内蒙古,锡林浩特市	开花期
866	紫花苜蓿	*Medicago sativa* L.	内蒙古,锡林浩特市	开花期
867	紫花苜蓿	*Medicago sativa* L.	内蒙古,锡林浩特市	开花期
868	紫花苜蓿	*Medicago sativa* L.	内蒙古,锡林浩特市	开花期
869	紫花苜蓿	*Medicago sativa* L.	内蒙古,锡林浩特市	开花期
870	紫花苜蓿	*Medicago sativa* L.	内蒙古,锡林浩特市	开花期
871	紫花苜蓿	*Medicago sativa* L.	内蒙古,锡林浩特市	开花期
872	紫花苜蓿	*Medicago sativa* L.	内蒙古,锡林浩特市	开花期
873	紫花苜蓿	*Medicago sativa* L.	内蒙古,锡林浩特市	开花期
874	紫花苜蓿	*Medicago sativa* L.	内蒙古,呼和浩特市	开花期
875	紫花苜蓿	*Medicago sativa* L.	内蒙古,呼和浩特市	开花期
876	紫花苜蓿	*Medicago sativa* L.	内蒙古,呼和浩特市	开花期
877	紫花苜蓿	*Medicago sativa* L.	内蒙古,呼和浩特市	开花期
878	紫花苜蓿	*Medicago sativa* L.	内蒙古,呼和浩特市	开花期
879	紫花苜蓿	*Medicago sativa* L.	内蒙古,呼和浩特市	开花期
880	紫花苜蓿	*Medicago sativa* L.	内蒙古,呼和浩特市	开花期
881	紫花苜蓿	*Medicago sativa* L.	内蒙古,呼和浩特市	开花期
882	紫花苜蓿	*Medicago sativa* L.	内蒙古,呼和浩特市	开花期
883	紫花苜蓿	*Medicago sativa* L.	内蒙古,呼和浩特市	开花期
884	紫花苜蓿	*Medicago sativa* L.	内蒙古,呼和浩特市	开花期
885	紫花苜蓿	*Medicago sativa* L.	内蒙古,呼和浩特市	开花期
886	紫花苜蓿	*Medicago sativa* L.	内蒙古,呼和浩特市	开花期
887	紫花苜蓿	*Medicago sativa* L.	内蒙古,呼和浩特市	开花期
888	紫花苜蓿	*Medicago sativa* L.	内蒙古,呼和浩特市	开花期
889	紫花苜蓿	*Medicago sativa* L.	内蒙古,呼和浩特市	开花期
890	紫花苜蓿	*Medicago sativa* L.	内蒙古,呼和浩特市	开花期
891	紫花苜蓿	*Medicago sativa* L.	内蒙古,呼和浩特市	开花期
892	紫花苜蓿	*Medicago sativa* L.	内蒙古,呼和浩特市	开花期
893	紫花苜蓿	*Medicago sativa* L.	内蒙古,呼和浩特市	开花期
894	紫花苜蓿	*Medicago sativa* L.	内蒙古,呼和浩特市	开花期
895	紫花苜蓿	*Medicago sativa* L.	内蒙古,呼和浩特市	开花期
896	紫花苜蓿	*Medicago sativa* L.	内蒙古,呼和浩特市	开花期

（续表）

化学成分									营养价值			
水分（%）	干物质（%）	占绝对干物质比例（%）					钙（%）	磷（%）	可消化粗蛋白质（g/kg）	总能（Mcal/kg）	消化能（Mcal/kg）	代谢能（Mcal/kg）
		粗蛋白质	粗脂肪	粗纤维	无氮浸出物	粗灰分						
8.8	91.2	20.14	1.68	30.91	39.8	7.47	1.58	0.3	171	4.28	2.44	2
8.35	91.65	13.87	1.07	46.63	32.45	5.98	1.22	0.26	69	4.21	1.96	1.61
9.48	90.52	15.17	1.11	41.24	35.12	7.36	1.43	0.27	90	4.18	2.16	1.77
9.43	90.57	18.69	1.41	36.1	36.33	7.47	1.6	0.26	147	4.24	2.29	1.88
9.77	90.23	15.57	1.66	37.38	39.93	5.46	1.32	0.27	84	4.29	2.2	1.81
9.39	90.61	16.52	1.3	37.31	38.08	6.39	1.32	0.27	103	4.25	2.21	1.82
10.92	89.08	20.1	1.58	35	34.85	8.47	1.83	0.26	183	4.23	2.37	1.94
9.83	90.17	18.15	1.49	35.32	37.55	7.48	1.84	0.27	137	4.24	2.32	1.91
9.74	90.26	18.19	1.56	35.14	38.14	6.97	1.76	0.26	134	4.26	2.31	1.89
8.24	91.76	17.81	1.4	31.24	39.87	9.68	1.95	0.18	140	4.13	2.52	2.07
9.59	90.41	15.98	1.89	29.46	43.95	8.72	2.38	0.1	103	4.17	2.56	2.1
9.43	90.57	17.82	1.78	27.91	44.22	8.27	1.67	0.17	129	4.21	2.57	2.11
8.73	91.27	17.41	1.96	31.64	41.15	7.84	1.42	0.16	125	4.23	2.46	2.02
9.04	90.96	15.93	1.68	36.4	37.95	8.04	1.41	0.15	105	4.19	2.34	1.92
8.8	91.2	13.92	1.23	42.3	34.41	8.14	1.37	0.14	78	4.13	2.17	1.78
8.39	91.61	17.16	1.53	37.21	36.16	7.94	1.62	0.16	125	4.2	2.3	1.89
9.71	90.29	16.35	1.79	31.93	41.35	8.58	1.68	0.13	111	4.18	2.48	2.04
8.86	91.14	15.57	1.92	31.71	42.47	8.33	1.7	0.12	97	4.18	2.49	2.04
8.46	91.54	15.23	1.91	30.16	44.54	8.16	1.73	0.11	89	4.19	2.52	2.07
9.78	90.22	15.42	2.07	31.84	42.88	7.79	2.05	0.1	92	4.21	2.47	2.02
9.88	90.12	16	1.61	34.81	38.88	8.7	1.61	0.17	108	4.16	2.4	1.97
9.44	90.56	16.05	1.53	32.47	41.91	8.04	1.49	0.16	101	4.18	2.43	2
9.32	90.68	20.22	1.63	28.12	40.92	9.11	1.71	1.17	182	4.21	2.58	2.12
9.46	90.54	19.06	1.86	26.82	43.03	9.23	1.82	0.18	159	4.19	2.63	2.16
9.22	90.78	17.8	1.82	30.09	41.08	8.49	1.56	0.13	133	4.21	2.52	2.07
8.96	91.04	14.89	1.76	36.83	39.33	7.19	1.22	0.12	84	4.21	2.3	1.89
9.75	90.25	19.63	2.14	26	42.66	9.57	1.9	0.19	174	4.2	2.68	2.2
8.28	91.72	15.35	1.3	35.21	39.72	8.42	1.41	0.13	94	4.14	2.37	1.95
7.88	92.12	15.44	1.61	30.12	43.76	9.07	1.7	0.12	96	4.13	2.55	2.09
9.99	90.01	15.78	1.79	29.03	44.81	8.59	1.8	0.12	98	4.17	2.56	2.1
9.7	90.3	16.66	1.72	34.43	38.16	9.03	1.72	0.17	121	4.16	2.43	1.99
9.69	90.31	15.51	1.67	34.93	40.37	7.52	1.29	0.15	93	4.2	2.36	1.93

编号	植物名称	学名	样品来源	物候期与植物部位
897	紫花苜蓿	*Medicago sativa* L.	内蒙古,呼和浩特市	开花期
898	紫花苜蓿	*Medicago sativa* L.	内蒙古,呼和浩特市	开花期
899	紫花苜蓿	*Medicago sativa* L.	内蒙古,呼和浩特市	开花期
900	紫花苜蓿	*Medicago sativa* L.	内蒙古,呼和浩特市	开花期
901	紫花苜蓿	*Medicago sativa* L.	内蒙古,呼和浩特市	开花期
902	紫花苜蓿	*Medicago sativa* L.	内蒙古,呼和浩特市	开花期
903	紫花苜蓿	*Medicago sativa* L.	内蒙古,呼和浩特市	开花期
904	紫花苜蓿	*Medicago sativa* L.	内蒙古,呼和浩特市	开花期
905	紫花苜蓿	*Medicago sativa* L.	内蒙古,呼和浩特市	开花期
906	紫花苜蓿	*Medicago sativa* L.	内蒙古,呼和浩特市	开花期
907	紫花苜蓿	*Medicago sativa* L.	内蒙古,呼和浩特市	开花期
908	紫花苜蓿	*Medicago sativa* L.	内蒙古,呼和浩特市	开花期
909	紫花苜蓿	*Medicago sativa* L.	内蒙古,呼和浩特市	开花期
910	紫花苜蓿	*Medicago sativa* L.	内蒙古,锡林浩特市	开花期
911	紫花苜蓿	*Medicago sativa* L.	内蒙古,锡林浩特市	开花期
912	紫花苜蓿	*Medicago sativa* L.	内蒙古,锡林浩特市	开花期
913	紫花苜蓿	*Medicago sativa* L.	内蒙古,锡林浩特市	开花期
914	紫花苜蓿	*Medicago sativa* L.	内蒙古,锡林浩特市	开花期
915	紫花苜蓿	*Medicago sativa* L.	内蒙古,锡林浩特市	开花期
916	紫花苜蓿	*Medicago sativa* L.	内蒙古,锡林浩特市	开花期
917	紫花苜蓿	*Medicago sativa* L.	内蒙古,锡林浩特市	开花期
918	紫花苜蓿	*Medicago sativa* L.	内蒙古,锡林浩特市	开花期
919	紫花苜蓿	*Medicago sativa* L.	内蒙古,锡林浩特市	开花期
920	紫花苜蓿	*Medicago sativa* L.	内蒙古,锡林浩特市	开花期
921	紫花苜蓿	*Medicago sativa* L.	内蒙古,锡林浩特市	开花期
922	紫花苜蓿	*Medicago sativa* L.	内蒙古,锡林浩特市	开花期
923	紫花苜蓿	*Medicago sativa* L.	内蒙古,锡林浩特市	开花期
924	紫花苜蓿	*Medicago sativa* L.	内蒙古,锡林浩特市	开花期
925	紫花苜蓿	*Medicago sativa* L.	内蒙古,锡林浩特市	开花期
926	紫花苜蓿	*Medicago sativa* L.	内蒙古,锡林浩特市	开花期
927	紫花苜蓿	*Medicago sativa* L.	内蒙古,锡林浩特市	开花期
928	紫花苜蓿	*Medicago sativa* L.	内蒙古,锡林浩特市	开花期

（续表）

化学成分									营养价值			
水分（%）	干物质（%）	占绝对干物质比例（%）					钙（%）	磷（%）	可消化粗蛋白质（g/kg）	总能（Mcal/kg）	消化能（Mcal/kg）	代谢能（Mcal/kg）
		粗蛋白质	粗脂肪	粗纤维	无氮浸出物	粗灰分						
8.01	91.99	17.94	1.63	31.84	40.24	8.35	1.68	0.18	136	4.2	2.46	2.02
8.26	91.74	15.26	1.57	35.22	39.01	8.94	1.62	0.15	98	4.14	2.4	1.97
7.58	92.42	17.79	1.16	36.16	36.55	8.34	1.64	0.17	135	4.18	2.32	1.91
8.45	91.55	15.8	1.7	37.23	37.35	7.92	1.66	0.16	103	4.19	2.31	1.9
7.57	92.43	15.73	1.41	35.25	38.1	9.51	1.64	0.15	108	4.11	2.42	1.99
9.37	90.63	17.37	1.59	34.16	39.03	8.85	1.84	0.15	114	4.16	2.42	1.99
8.72	91.28	16.32	1.37	34.67	38.81	8.83	1.96	0.14	112	4.15	2.4	1.97
9.76	90.24	11.96	1.35	44.29	35.2	7.2	1.29	0.13	115	4.15	1.65	1.35
9.25	90.75	15.82	1.61	34.53	39.25	8.79	2.12	0.13	105	4.15	2.42	1.98
8.54	91.46	15.94	1.9	33.3	40.31	8.52	1.29	0.15	106	4.18	2.45	2.01
8.95	91.05	13.99	1.6	35.88	39.47	9.06	2	0.14	80	4.11	2.4	1.97
9.44	90.56	17.09	1.64	34.7	38.1	8.47	1.75	0.15	125	4.19	2.39	1.96
9.6	90.4	18.08	1.91	28.89	40.78	10.34	1.53	0.26	151	4.12	2.63	2.16
10.86	89.14	17.52	1.51	35.58	38.07	7.32	1.76	0.26	125	4.23	2.31	1.9
10.03	89.97	16.76	1.49	38.31	35.44	8	1.81	0.27	119	4.19	2.27	1.86
10.29	89.71	15.39	0.93	42.56	33.98	7.14	1.65	0.2	93	4.18	2.1	1.73
9.89	90.11	19.68	1.45	36.28	35.36	7.23	1.76	0.28	166	4.27	2.28	1.87
10.04	89.96	16.6	1.19	41.14	34.15	7.52	1.59	0.26	105	4.19	2.17	1.78
8.54	91.46	18.9	1.42	38.26	33.86	7.56	1.74	0.16	155	4.24	2.24	1.84
7.62	92.38	16.5	1.79	34.86	39.18	7.67	2.42	0.14	111	4.22	2.36	1.94
10.1	89.9	18.14	2.24	33.88	37.28	8.46	2.01	0.26	147	4.23	2.43	2
9.44	90.56	14.45	1.7	58.77	17.93	7.15	1.85	0.16	100	4.2	1.71	1.4
7.86	92.14	16.6	1.76	37.68	36.63	7.33	1.9	0.19	113	4.23	2.27	1.86
7	93	24.82	2.67	17.75	43.63	11.13			239	4.24	2.96	2.43
7.4	92.6	25.17	1.37	23.2	41.42	8.84			235	4.28	2.66	2.19
7.9	92.1	23.97	1.43	26.72	38.91	8.97			222	4.26	2.58	2.12
7.3	92.7	24.78	1.83	22.16	42.03	9.2			233	4.28	2.73	2.24
7.8	92.2	23.78	2.38	24.99	40.05	8.8			222	4.31	2.66	2.19
8.3	91.7	24.17	1.82	24.54	37.94	11.53			227	4.17	2.76	2.27
7.4	92.6	21.05	0.72	29.74	37.41	11.08			196	4.09	2.58	2.11
8.5	91.5	15.59	1.03	34.39	38.33	10.66			109	4.04	2.48	2.03
8.6	91.4	16.02	1.15	36.67	38.15	8.01			103	4.16	2.3	1.89

编号	植物名称	学名	样品来源	物候期与植物部位
929	紫花苜蓿	*Medicago sativa* L.	内蒙古,锡林浩特市	开花期,茎
930	紫花苜蓿	*Medicago sativa* L.	内蒙古,锡林浩特市	开花期,叶,花序
931	紫花苜蓿	*Medicago sativa* L.	内蒙古,锡林浩特市	开花期,茎
932	紫花苜蓿	*Medicago sativa* L.	内蒙古,锡林浩特市	开花期,叶,花序
933	紫花苜蓿	*Medicago sativa* L.	内蒙古,锡林浩特市	开花期,茎
934	紫花苜蓿	*Medicago sativa* L.	内蒙古,锡林浩特市	开花期,叶
935	紫花苜蓿	*Medicago sativa* L.	内蒙古,锡林浩特市	开花期,茎
936	紫花苜蓿	*Medicago sativa* L.	内蒙古,锡林浩特市	开花期,叶,花序
937	紫花苜蓿	*Medicago sativa* L.	内蒙古,锡林浩特市	开花期,茎
938	紫花苜蓿	*Medicago sativa* L.	内蒙古,锡林浩特市	开花期,叶,花序
939	紫花苜蓿	*Medicago sativa* L.	内蒙古,锡林浩特市	结实期
940	紫花苜蓿	*Medicago sativa* L.	内蒙古,巴林右旗	结实期
941	紫花苜蓿	*Medicago sativa* L.	内蒙古,锡林浩特市	结荚初期
942	紫花苜蓿	*Medicago sativa* L.	内蒙古,锡林浩特市	结荚初期
943	紫花苜蓿	*Medicago sativa* L.	内蒙古,锡林浩特市	结荚初期
944	紫花苜蓿	*Medicago sativa* L.	内蒙古,锡林浩特市	成熟期
945	紫花苜蓿	*Medicago sativa* L.	内蒙古,锡林浩特市	成熟期
946	紫花苜蓿	*Medicago sativa* L.	内蒙古,呼和浩特市	种子
947	紫花苜蓿	*Medicago sativa* L.	内蒙古,呼和浩特市	种子
948	紫花苜蓿	*Medicago sativa* L.	内蒙古,呼和浩特市	种子
949	紫花苜蓿	*Medicago sativa* L.	内蒙古,呼和浩特市	种子
950	紫花苜蓿	*Medicago sativa* L.	内蒙古,呼和浩特市	种子
951	紫花苜蓿	*Medicago sativa* L.	内蒙古,呼和浩特市	种子
952	紫花苜蓿	*Medicago sativa* L.	内蒙古,呼和浩特市	种子
953	黄花苜蓿	*Medicago falcata* L.	内蒙古,锡林浩特市	孕蕾期
954	黄花苜蓿	*Medicago falcata* L.	内蒙古,锡林浩特市	孕蕾期
955	黄花苜蓿	*Medicago falcata* L.	内蒙古,锡林浩特市	现蕾期
956	黄花苜蓿	*Medicago falcata* L.	内蒙古,锡林浩特市	开花期
957	黄花苜蓿	*Medicago falcata* L.	内蒙古,呼和浩特市	开花期
958	黄花苜蓿	*Medicago falcata* L.	内蒙古,呼和浩特市	开花期
959	黄花苜蓿	*Medicago falcata* L.	内蒙古,呼和浩特市	开花期
960	黄花苜蓿	*Medicago falcata* L.	内蒙古,呼和浩特市	开花期

（续表）

化学成分									营养价值			
水分（%）	干物质（%）	占绝对干物质比例（%）					钙（%）	磷（%）	可消化粗蛋白质（g/kg）	总能（Mcal/kg）	消化能（Mcal/kg）	代谢能（Mcal/kg）
		粗蛋白质	粗脂肪	粗纤维	无氮浸出物	粗灰分						
8.1	91.9	10.45	0.79	51.4	31.08	6.28			103	4.13	1.08	0.89
11.5	88.5	25.29	2.65	16.91	40.42	14.73			245	4.1	3.13	2.57
8.5	91.5	7.59	0.71	51.6	35.42	4.68			71	4.15	1.02	0.84
11.9	88.1	22.83	2.49	15.1	47.94	11.64			224	4.18	3.06	2.51
8.7	91.3	9.41	0.88	51.22	33.03	5.46			92	4.16	1.07	0.88
12.1	87.9	24.23	2.63	15.37	46.11	11.66			236	4.21	3.05	2.5
9.9	90.1	8.12	0.73	50.88	34.91	5.36			77	4.13	1.1	0.9
10.9	89.1	24.93	2.52	19.9	40.15	12.5			238	4.18	2.96	2.43
8.8	91.2	6.52	0.74	55.8	32.23	4.71			64	4.14	0.73	0.6
10	90	21.15	2.13	18.98	46.38	11.36			206	4.15	2.94	2.41
9.51	90.49	17.89	1.5	38.09	35.41	7.11	1.08	0.29	133	4.25	2.23	1.83
9.26	90.74	16.97	3.22	35.92	37.22	6.67	2.26	0.23	123	4.34	2.35	1.93
8.1	91.9	19.38	1.67	34.83	38.26	5.86			149	4.33	2.27	1.86
8.4	91.6	16.65	1.48	37.19	39.16	5.52			99	4.29	2.2	1.8
9.3	90.7	19.36	1.72	35.04	37.25	6.63			155	4.3	2.3	1.89
7.6	92.4	12.88	3.43	30.29	47.06	6.34			55	4.31	2.52	2.07
7.4	92.6	19.37	5.05	18.87	46.25	10.46			188	4.31	3.03	2.49
7	93	9.73	8.17	9.42	67.04	5.64	0.37	0.45	66	4.53	4.27	3.52
7.62	92.38	38.31	8.35	10.16	39.8	3.38	0.3	0.53	324	5.07	5.17	4.24
6.83	93.17	35.93	7.62	12.12	39.76	4.57	0.29	0.51	298	4.94	5	4.1
6.58	93.42	29.13	6.87	10.72	41.09	12.19	0.31	0.54	217	4.48	4.69	3.85
6.98	93.02	34.96	8.47	12.25	37.81	6.51	0.22	0.44	282	4.89	4.94	4.05
7.19	92.81	36.32	9.7	11.43	37.58	4.97	0.22	0.5	297	5.04	5.1	4.19
7.27	92.73	35.99	8.51	11.98	39.79	3.73	0.26	0.55	299	5.03	5.08	4.17
9.39	90.61	23.47	1.45	34.46	33.09	7.53	1.99	0.29	147	4.23	2.43	2
9.46	90.54	20.96	1.38	37.47	30.68	9.51	1.52	0.34	188	4.19	2.33	1.91
8.3	91.7	20.74	1.19	39.49	30.51	8.07			197	4.23	2.21	1.81
8.73	91.27	19.32	1.57	33.07	38.87	7.17	1.31	0.3	154	4.27	2.37	1.94
8.42	91.58	13.79	1.45	44.87	32.62	7.27	1.25	0.14	75	4.18	2.08	1.71
9.09	90.91	16.15	2.7	39.61	34.09	7.45	1.33	0.18	115	4.27	2.27	1.86
8.61	91.39	12.8	1.04	43.3	34.92	7.94	1.07	0.19	62	4.11	2.14	1.75
9.15	90.85	15.38	1.73	36.89	37.53	8.47	1.15	0.23	99	4.16	2.35	1.93

编号	植物名称	学名	样品来源	物候期与植物部位
961	黄花苜蓿	*Medicago falcata* L.	内蒙古,锡林浩特市	开花期
962	黄花苜蓿	*Medicago falcata* L.	内蒙古,锡林浩特市	开花期
963	黄花苜蓿	*Medicago falcata* L.	内蒙古,锡林浩特市	始花期
964	黄花苜蓿	*Medicago falcata* L.	内蒙古,锡林浩特市	开花期
965	黄花苜蓿	*Medicago falcata* L.	内蒙古,锡林浩特市	开花期
966	黄花苜蓿	*Medicago falcata* L.	内蒙古,锡林浩特市	开花期
967	黄花苜蓿	*Medicago falcata* L.	内蒙古,锡林浩特市	结荚中期
968	黄花苜蓿	*Medicago falcata* L.	内蒙古,呼和浩特市	种子

（续表）

化学成分									营养价值			
水分（%）	干物质（%）	占绝对干物质比例（%）					钙（%）	磷（%）	可消化粗蛋白质（g/kg）	总能（Mcal/kg）	消化能（Mcal/kg）	代谢能（Mcal/kg）
		粗蛋白质	粗脂肪	粗纤维	无氮浸出物	粗灰分						
7.7	92.3	20.84	2.08	32.71	37.55	6.82			186	4.33	2.37	1.95
7.4	92.6	23.28	1.62	25.29	39.44	10.37			218	4.2	2.69	2.21
9.12	90.88	19.25	1.31	38.88	32.63	7.93	1.35	0.19	165	4.22	2.23	1.83
8.48	91.52	16.27	1.34	38.03	36.49	7.87	1.66	0.23	109	4.18	2.27	1.86
9.17	90.83	16.08	1.51	43.83	31.8	6.78	1.67	0.22	106	4.23	2.08	1.7
8.8	91.2	17.29	1.11	37.08	38.37	6.15			112	4.26	2.21	1.81
9.7	90.3	16.02	1.86	35.45	40.94	5.73			91	4.3	2.27	1.86
7.49	92.51	39.56	5.3	18.72	32	4.42	0.45	0.58	347	4.88	4.55	3.73

第 二 篇

牧草及青贮饲料
常用指标检测方法

第一章　牧草质量检测的意义

牧草是放牧家畜动物的主要食粮，一般占其日粮的60%以上，有的甚至完全依靠牧草而生长和生产，牧草的质量安全影响多数畜产品的质量安全，一旦出现问题，不只危害动物本身，也直接或间接地危害到人和环境。因此，对牧草质量进行检测，在提高产品质量水平和市场竞争力，保证草产业健康持续发展和生产安全产品等方面具有重要的意义。

一、提高牧草质量的有效手段

牧草生产包括牧草种植、管理、收获、加工和储藏等环节，其质量与卫生安全状况受每一个环节的技术和管理水平所影响。优质、安全的牧草对每一环节都有较高的技术和科学生产规范的要求。虽然我国近几年在牧草生产加工技术方面取得了较大的进步，产品质量大幅度提高，但与发达国家相比，我国牧草生产科技含量较低，基本处在粗放种植、初级加工阶段，牧草商品化程度不高，如苜蓿产品，我国三级品占80%以上，而美国一级产品占70%以上。实施牧草质量检测，可以提高生产者的质量安全意识，促进生产方式的改善，加强科学管理，提高产品质量和安全水平。

二、提高产品信誉和市场竞争力的有效措施

牧草不仅是草食动物的主料，也是猪、鸡、鱼等配合料的原料。无论是国际市场还是国内市场对牧草的需求量都很大，而且在逐年递增。国际市场需求超过800万t，主要进口地区是日本、韩国、中国台湾地区和东南亚，主要供应国为美国、加拿大和澳大利亚。国内大陆市场对牧草需求量更大，但价格高于进口牧草的价格。究其原因，我国牧草数量不足是其一，但更主要的是质量与安全方面不及国外。我国牧草单位重量上虽有价格优势，但计算生产单位畜产品的成本时

则优势不足。牧草进口国家和地区对产品质量和卫生都有严格的法规和检验、检疫要求，一旦查检为不合格产品，将被销毁或退回。这不仅增加庞大的额外费用，造成的不良声誉更是无法弥补的。因此，加强牧草质量检测可以确保产品质量安全，提高产品信誉度和市场竞争力。

三、有利于草产业的持续稳定发展

一个产业的发展，需要其产业链上每一个环节产销畅通，任一环节出现问题，都会严重制约后续生产或销售的进行，同时反馈抑制前面环节的进一步生产。牧草生产是草产业的关键环节，其质量的好坏，直接关系到草产业能否健康发展。牧草质量检测有利于提高牧草质量和市场竞争力、推动标准化生产，促进产品畅销、增加生产效率与效益，推动我国草产业的持续稳定发展。

四、生产健康畜产品的基本保证

牧草作为畜产品生产的主要原料，其质量不仅影响动物的生产性能，而且与动物产品的质量密切相关，其质量安全直接影响畜产品的安全性。只有优质、安全的牧草，才能生产出优质、安全的动物产品。要确保安全的牧草供给，就应对供给的牧草进行质量安全检测，禁止质量不合格的产品使用与销售，从饲料源头为生产健康、安全的畜产品提供保证。

五、质量管理和法规制定与执行的依据

牧草质量检测结果可为生产者提供产品质量信息，对质量安全方面存在的主要问题及可能出现问题的环节提供反馈信息，是改善质量管理的重要依据。牧草质量检测也是牧草行政执法的重要基础。没有进行产品质量安全检测，就难以客观判断产品是否安全。随着生产过程中新材料、新农药、新方法、新工艺等的出现，新的产品质量安全检测可为制定新法规等提供基础依据。

第二章　牧草中营养物质的测定

一、牧草中干物质含量的测定

（一）原理

根据样品性质选择特定的条件对试样进行干燥，通过试样干燥损失的质量计算干物质的含量。

（二）测定方法

将洁净的铝盒放入（103±2）℃烘箱中，取下铝盒盖并放在铝盒的边上。干燥（60±1）min后盖上铝盒盖，将铝盒取出，放在干燥器中冷却至室温。称量其质量（m_0），准确至1mg。

称取3~5g试料于铝盒内，称取试样及铝盒质量（m_1），精确至1mg，并摊平。将铝盒放入（103±2）℃烘箱内，当烘箱温度达（103±2）℃后，干燥（4+0.1）h。盖上铝盒盖，将铝盒取出放入干燥器冷却至室温。称量其质量（m_2），准确至1mg。再于（103±2）℃烘箱中干燥（30±1）min，从烘箱中取出，放入干燥器冷却至室温。称量其质量准确至1mg。

如果两次称量值的变化小于或等于试料质量的0.1%，以第一次称量的质量（m_2）按下式计算水分含量；若两次称量值的变化大于试料质量的0.1%，将铝盒再次放入干燥箱中于（103±2）℃干燥（2±0.1）h移至干燥器中冷却至室温，称量其质量，准确至1mg。

（三）测定结果

试样中干物质的含量按下式计算：

$$w = \frac{(m_2 - m_0)}{(m_1 - m_0)} \times 100$$

式中：

w 为试样中干物质的含量，单位为百分比（%）；

m_0 为铝盒的质量，单位为克（g）；

m_1 为铝盒及试样的总质量，单位为克（g）；

m_2 为铝盒及烘干试样的质量，单位为克（g）。

计算结果精确至 0.1%。

二、牧草中酸性洗涤纤维的测定

（一）功能

酸性洗涤纤维（ADF）是植物和含植物材料的饲料中，不溶于酸性洗涤剂的碳水化合物，包括纤维素、木质素和硅酸盐。根据 NDF 和 ADF 之差可得出植物和植物饲料中的半纤维素含量。ADF 经 72%硫酸分解，则纤维素被水解而溶出，其残渣为木质素和硅酸盐，所以 ADF 值中减去 72%硫酸处理后残渣部分即为饲料中纤维素的含量。将经过 72%硫酸分解后的残渣灰化，灰分则为饲料中硅酸盐的含量，而灰化中逸出的部分即为酸性洗涤纤维木质素的含量。

（二）原理

用酸性洗涤剂去除饲料中的脂肪、淀粉、蛋白质和糖类等成分后，再用丙酮洗涤后，残留的不溶解的物质称为酸性洗涤纤维。包括试样中的纤维素、木质素及少量硅酸盐等。

（三）试剂

十六烷基三甲基溴化铵（$C_{19}H_{42}NBr$，CTAB）；

丙酮（CH_3COCH_3）；

1.00mol/L 硫酸（$1/2H_2SO_4$）溶液：27.2mL 浓硫酸溶解于 1 000mL 水中；

酸性洗涤剂：称取 20g 十六烷基三甲基溴化铵溶解入 1 000 mL 烧杯 1.00mol/L 硫酸溶液中，搅拌溶解。

（四）仪器和设备

粉碎设备：筛孔为 1.00mm；

分析天平：感量 0.1mg；

记号笔：耐溶剂油性记号笔；

封口机：1~8 挡手压式封口机或脚踏式封口机；

烧杯：容量 500mL 或 1 000mL，带有配套的冷却装置；

加热装置：带有冷却装置的可调温电炉或电磁炉，以保证溶液沸腾时体积不发生变化；

干燥箱：可控温度在（105±2）℃；

聚酯网袋。

（五）测定方法

1. 样品处理

用粉碎设备将风干样品粉碎，使其完全通过 1.00mm 网筛，然后将样品充分混合均匀，密封保存，备用。

2. 称样

取聚酯网袋，先用记号笔编号，称其质量，精确至 0.1mg，记为 m_1；称取试样 0.5~1.0g，精确至 0.1mg，记为 m，装入聚酯网袋内，用封口机封口。

3. 脱脂预处理

如果试样中脂肪含量高于 10%，应预先脱脂。将装有试样的聚酯网袋放在烧杯中，加入丙酮或石油醚，用量以浸没样品袋为标准。浸泡 10min 后，取出聚酯网袋放置通风橱挥发干试剂，待用。

4. 消煮

将装有试样的聚酯网袋放入烧杯中，以聚酯网袋个数计，每袋加入 100mL 酸性洗涤剂，同时开启加热冷却装置，至微沸并保持（60±1）min。煮沸期间应加水保持溶液体积恒定。煮沸完毕取出聚酯网袋，用热水冲洗干净，再用吸水纸把袋内水分轻轻挤干。

5. 脱脂

将消煮后的聚酯网袋放在烧杯中，用丙酮浸泡 5min 去除残留脂肪，用量以浸没样品袋为标准。取出聚酯网袋放置通风橱中让溶剂挥发干净。

6. 烘干

聚酯网袋于干燥箱中（105±2）℃干燥 45min，取出于干燥器中冷却 1min 后，准确称量，精确至 0.1mg，记为 m_2。

（六）结果计算

试样中 ADF 的含量按下式计算：

$$\omega(\mathrm{ADF}) = \frac{m_2 - m_1}{m} \times 100$$

式中：

ω 为样品 ADF 的质量分数，单位为百分比（%）；

m 为试样的质量，单位为克（g）；

m_1 为聚酯网袋的质量，单位为克（g）；

m_2 为聚酯网袋及其袋内残渣在 105℃干燥后的质量，单位为克（g）。

（七）重复性

每个试样称取 2 个平行样进行测定，取平均值为分析结果，保留至小数点后 2 位。

在同一实验室，由同一操作者使用相同设备，按相同的测试方法，并在短时间内对同一被测对象相互独立进行测试，获得的 2 次独立测试结果的绝对差值不大于这 2 个测定值的算术平均值的 10%（当 ADF 含量≤10%）或 6%（当 ADF 含量>10%）。

三、牧草中中性洗涤纤维的测定

（一）功能

目前，中性洗涤纤维（NDF）是表示纤维最好的指标，它涵盖了被认为是组成纤维的大多数物质。不同饲料中的中性洗涤纤维的化学组分及其所含的纤维素、半纤维素和木质素等成分的比例不同，会影响 NDF 的可消化性。饲料中含有一定量的 NDF 对维持瘤胃正常的发酵功能具有重要意义，但过高的 NDF 则会对干物质采食量产生负效应。NDF 比非纤维碳水化合物难消化，故饲料中 NDF 的含量与其能量浓度呈负相关。

（二）测定方法原理

植物性饲料如牧草或其他粗饲料经中性洗涤剂（3%十二烷基硫酸钠）分解后，大部分细胞内容物可溶解于洗涤剂中，包括脂肪、糖、淀粉和蛋白质，统称为中性洗涤剂可溶物，而不溶解的残渣称为 NDF，这部分主要是细胞壁成分，如半纤维素、纤维素、木质素、硅酸盐和极少量细胞壁镶嵌蛋白质。

（三）实验试剂

1. 试剂

十二烷基硫酸钠、乙二胺四乙酸二钠、四硼酸钠、无水磷酸氢二钠、乙二醇乙醚、无水亚硫酸钠、丙酮。

2. 试剂配制

中性洗涤剂（3%十二烷基硫酸钠）：称取 18.6g 乙二胺四乙酸二钠（$C_{10}H_{14}N_2O_8Na_2 \cdot 2H_2O$）和 6.8g 四硼酸钠（$Na_2B_4O_7 \cdot 10H_2O$），放入 100mL 烧杯中，加适量蒸馏水溶解（可加热），再加入 30g 十二烷基硫酸钠（$C_{12}H_{25}NaSO_4$）和 10mL 乙二醇乙醚（$C_4H_{10}O_2$）；称取 4.56g 无水磷酸氢二钠（Na_2HPO_4）置于另一烧杯中，加蒸馏水加热溶解，冷却后将上述两溶液转入 1 000mL 容量瓶并用水定容。此溶液 pH 值 6.9~7.1（pH 值一般不用调整）。

（四）仪器

纤维仪（或配冷却装置的烧杯）、聚酯网袋、封口机、分析天平、烘箱、干燥器、量筒、搅拌棒、通风橱、耐溶剂标记笔、烧杯。

（五）实验步骤

1. 样品处理

用粉碎设备将风干样品粉碎，使其完全通过 1.00mm 网筛，然后将样品充分混合均匀，密封保存，备用。

2. 称样

取聚酯网袋，先用记号笔编号，称其质量，精确至 0.1mg，记为m_1；称取试样 0.5~1.0g，精确至 0.1mg，记为 m，装入聚酯网袋内，用封口机封口。

3. 脱脂预处理

如果试样中脂肪含量高于 10%，应预先脱脂。将装有试样的聚酯网袋放在烧杯中，加入丙酮或石油醚，用量以浸没样品袋为标准。浸泡 10min 后，取出聚酯网袋放置通风橱挥发干试剂，待用。

4. 消煮

将装有试样的聚酯网袋放入烧杯中，以聚酯网袋个数计，每袋加入 100mL 中性洗涤剂，加亚硫酸钠 1.0g，同时开启加热冷却装置，至微沸并保持（60±1）min。煮沸期间应加水保持溶液体积恒定。煮沸完毕取出聚酯网袋，用热水冲洗干净，再用吸水纸把袋内水分轻轻挤干。

5. 脱脂

将消煮后的聚酯网袋放在烧杯中，用丙酮浸泡 5min 去除残留脂肪，用量以浸没样品袋为标准，确保剩余物和丙酮充分混合，至滤液无色为止。取出聚酯网袋放置通风橱中让溶剂挥发干净。

6. 烘干

聚酯网袋于干燥箱中（105±2）℃干燥 2h，取出于干燥器中冷却 15min 后，准确称量，精确至 0.1mg，记为 m_2。

（六）结果计算

试样中 NDF 的含量按下式计算：

$$\omega(\mathrm{NDF})=\frac{m_2-m_1}{m}\times100$$

式中：

ω 为样品 NDF 的质量分数，单位为百分比（%）；

m 为试样的质量，单位为克（g）；

m_1 为聚酯网袋的质量，单位为克（g）；

m_2 为聚酯网袋及其袋内残渣在 105℃干燥后的质量，单位为克（g）。

（七）重复性

每个试样称取 2 个平行样进行测定，取平均值为分析结果，保留至小数点后 2 位。

在同一实验室，由同一操作者使用相同设备，按相同的测试方法，并在短时间内对同一被测对象相互独立进行测试，获得的 2 次独立测试结果的绝对差值不大于这 2 个测定值的算术平均值的 10%（当 NDF 含量≤10%）或 6%（当 NDF 含量>10%）。

四、牧草中粗纤维含量的测定

（一）功能

粗纤维（CF）是植物性食品的主要成分之一，广泛存在于各种植物体内，是混合物，主要成分是纤维素、半纤维素、木质素及少量含氮物。集中存在于谷类的麸、糠、秸秆、果蔬的表皮等处。

（二）原理

在热的稀硫酸的作用下，样品中的糖、淀粉、果胶等物质经水解而除去，再用热的氢氧化钾处理，使蛋白质溶解、脂肪皂化而除去。然后用乙醇和乙醚处理以除去单宁、色素及残余的脂肪，所得的残渣即为粗纤维，如其中含有无机物质，可经灰化后扣除。其中，以纤维素为主，也包括少量的半纤维素和木质素。

（三）试剂

丙酮：CH_3CHCH_3。

石油醚：沸点范围 30~60℃；

硫酸溶液：取 7.2mL 的浓硫酸（98%）稀释定容至 1 000mL；

盐酸溶液：取 41.7mL 的浓盐酸（36%）稀释定容至 1 000mL；

氢氧化钾溶液：取 15.2mL 氢氧化钾溶解定溶于 1 000mL。

（四）仪器和设备

粉碎设备：筛孔为 1.00mm；

分析天平：感量 0.1mg；

封口机：1~8 挡手压式封口机或脚踏式封口机；

烧杯：容量 500mL 或 1 000mL，带有配套的冷却装置；

加热装置：带有冷却装置的可调温电炉或电磁炉，以保证溶液沸腾时体积不发生变化；

干燥箱：温度可控在（105±2）℃；

坩埚：30mL，瓷质；

马弗炉：温度可调控在（500±25）℃；

聚酯网袋。

（五）测定步骤

1. 样品采集与制备

用粉碎设备将风干饲料样品粉碎，使其能完全通过网筛孔直径为 1.00mm 的网筛，然后将样品充分混匀，密封保存，备用。

2. 称样

取聚酯网袋，先用记号笔编号，称其质量，精确到 0.1mg，记为 m_1；称取试样 1g 左右，精确至 0.1mg，记为 m，装入聚酯网袋内，用封口机封口。

3. 脱脂

如果试样中脂肪含量高于10%，应预先脱脂。将装有试样的聚酯网袋放在烧杯中，加入丙酮或石油醚，用量以浸没样品袋为标准。浸泡10min后，取出聚酯网袋放置通风橱挥发干试剂，待用。

4. 去碳酸盐

如果试样中碳酸盐含量高于5%，应预先除去碳酸盐。将装有试样的聚酯网袋放在烧杯中，加入100mL盐酸溶液浸泡5min后，取出聚酯网袋，用水冲洗至中性，再用吸水纸把袋内水分轻轻挤干，待用。

5. 酸消煮

将装有试样的聚酯纤维袋放入烧杯中，按每个聚酯网袋计，加入100mL硫酸溶液，开启加热冷却装置，至微沸并保持（30±1）min。煮沸期间应加水保持溶液体积恒定。煮沸完毕取出聚酯网袋，用热水洗至中性，再用吸水纸把袋内水分轻轻挤干。

6. 碱消煮

将酸消煮后的聚酯网袋放入干净的烧杯中，按每个聚酯网袋计，加入100mL氢氧化钾溶液，开启加热冷却装置，至微沸并保持（30±1）min。煮沸期间应加水保持溶液体积恒定。煮沸完毕取出聚酯网袋，用热水洗至中性，再用吸水纸把袋内水分轻轻挤干。

7. 脱脂

将聚酯网袋放入干净的烧杯中，用丙酮或石油醚浸泡5min，用量以浸没样品袋为标准。去除残留脂肪，取出聚酯网袋放置通风橱中挥发干溶剂。

8. 烘干

聚酯网袋于干燥箱中（105±2）℃干燥30min，取出于干燥器中冷却1min后，准确称量，精确至0.1mg，记为m_2。

9. 灰化

将内有残渣的聚酯网袋放入已知质量（m_3）的坩埚中，于马弗炉中（500±25）℃下灰化30min，取出后于干燥器内冷却至室温，准确称量坩埚及灰分（m_4），精确至0.1mg。

（六）计算结果

残渣中酸不溶灰分忽略不计，可按下式计算：

$$\omega(\mathrm{CF})=\frac{(m_2-m_1)}{m}\times100$$

式中：

ω 为饲料样品中 CF 的质量分数，单位为百分比（%）；

m 为试样的质量，单位为克（g）；

m_1 为聚酯网袋的质量，单位为克（g）；

m_2 为聚酯网袋及其袋内残渣在 105℃干燥后的质量，单位为克（g）。

减去残渣中酸不溶灰分，可按下式计算：

$$\omega(\mathrm{CF})=\frac{m_2-m_1-m_4+m_3}{m}\times100$$

式中：

ω 为饲料样品中 CF 的质量分数，单位为百分比（%）；

m 为试样的质量，单位为克（g）；

m_1 为聚酯网袋的质量，单位为克（g）；

m_2 为聚酯网袋及其袋内残渣在 105℃干燥后的质量，单位为克（g）；

m_3 为坩埚的质量，单位为（g）；

m_4 为坩埚及其聚酯网袋残渣在 500℃灰化后的质量，单位为克（g）。

（七）重复性

每试样称取 2 个平行测定，取平均值为分析结果，计算结果保留至小数点后 2 位。

在同一实验室，由同一操作者使用相同设备，按相同的测试方法，并在短时间内对同一被测对象相互独立进行测试，获得的 2 次独立测试结果的绝对差值不大于这 2 个测定值的算术平均值的 10%（当 CF 含量≤10%）或 6%（当 CF 含量>10%）。

五、牧草中酸性洗涤木质素的测定

（一）功能

木质素是由聚合的芳香醇构成的一类物质，存在于木质组织中，主要是通过形成交织网来硬化细胞壁，为次生壁主要成分。木质素主要位于纤维素纤维之间，起抗压作用。木质素也是人类膳食纤维中的重要组成部分，能够改变肠道系统中微生物的活性、降低血液中胆固醇和血糖的含量，具有预防心血管疾病的作用；木质素还具有抗氧化活性、抑制癌细胞活性等功能，是天然的抗氧化活性物质。

（二）原理

植物性饲料如牧草或其他粗饲料经中性洗涤剂（3%十二烷基硫酸钠）分解后，大部分细胞内容物可溶解于洗涤剂中，包括脂肪、糖、淀粉和蛋白质，统称为中性洗涤剂可溶物，而不溶解的残渣称为中性洗涤纤维，这部分主要是细胞壁成分，如半纤维素、纤维素、木质素、硅酸盐和极少量细胞壁镶嵌蛋白质。

将中性洗涤纤维用酸性洗涤剂去除饲料中的脂肪、淀粉、蛋白质和糖类等成分后，再用丙酮洗涤后，残留的不溶解的物质称为酸性洗涤纤维。包括试样中的纤维素、木质素及少量硅酸盐等。

酸性洗涤纤维经72%硫酸分解，则纤维素被水解而溶出，其残渣为木质素和硅酸盐，所以酸性洗涤纤维值中减去经72%硫酸处理后残渣部分即为饲料中纤维素的含量。将经过72%硫酸分解后的残渣灰化，灰分则为饲料中硅酸盐的含量，而灰化中逸出的部分即为酸性洗涤纤维木质素（ADL）的含量。

（三）试剂

十六烷基三甲基溴化铵：$C_{19}H_{42}NBr$，CTAB；

丙酮：CH_3COCH_3；

1.00mol/L 硫酸（$1/2H_2SO_4$）溶液：27.2mL 浓硫酸溶解于 1 000mL 水中；

酸性洗涤剂：称取 20g 十六烷基三甲基溴化铵溶解入 1 000 mL 烧杯 1.00mol/L 硫酸溶液中，搅拌溶解；

12.0mol/L 硫酸溶液：取 666.0mL（约 1 235.5g）浓硫酸，缓慢加入 300mL 水中，冷却后定容至 1 000mL。

（四）仪器和设备

粉碎设备：筛孔为 1.00mm；

分析天平：感量 0.1mg；

记号笔：耐溶剂油性记号笔；

封口机：1~8 挡手压式封口机或脚踏式封口机；

烧杯：容量 500mL 或 1 000mL，带有配套的冷却装置；

加热装置：带有冷却装置的可调温电炉或电磁炉，以保证溶液沸腾时体积不发生变化；

干燥箱：可控温度在（105±2）℃；

聚酯网袋；

坩埚：30mL，瓷质；

马弗炉：温度可调控在（500±25）℃。

（五）测定步骤

1. 样品处理

用粉碎设备将风干样品粉碎，使其完全通过 1.00mm 网筛，然后将样品充分混合均匀，密封保存，备用。

2. 称样

取聚酯网袋，先用记号笔编号，称其质量，精确至 0.1mg，记为 m_1；称取试样 1.0g，精确至 0.1mg，记为 m，装入聚酯网袋内，用封口机封口。

3. 脱脂预处理

如果试样中脂肪含量高于 10%，应预先脱脂。将装有试样的聚酯网袋放在烧杯中，加入丙酮或石油醚，用量以浸没样品袋为标准。浸泡 10min 后，取出聚酯网袋放置通风橱挥发干试剂，待用。

4. 消煮

将装有试样的聚酯网袋放入烧杯中，以聚酯网袋个数计，每袋加入 100mL 酸性洗涤剂，同时开启加热冷却装置，至微沸并保持（60±1）min。煮沸期间应加水保持溶液体积恒定。煮沸完毕取出聚酯网袋，用热水冲洗干净，再用吸水纸把袋内水分轻轻挤干。

5. 酸洗

将消煮后的聚酯网袋放入干净的烧杯中，加入 12.0mol/L 的硫酸溶液浸泡 3h，每 30min 轻轻搅拌一次。取出聚酯网袋用热水洗至中性，再用吸水纸把袋内水分轻轻挤干。

6. 烘干

聚酯网袋于干燥箱中（105±2）℃干燥 30min，取出于干燥器中冷却 1min 后，准确称量，精确至 0.1mg，记为 m_2。

7. 灰化

将装有残渣的聚酯网袋放入已知质量（m_3）的坩埚中，于马弗炉中（500±25）℃灰化 30min，取出后于干燥器内冷却至室温，准确称量坩埚及灰分（m_4），精确至 0.1mg。

（六）结果计算

残渣中酸不溶灰分忽略不计，可按下式计算：

$$\omega(ADL)=\frac{m_2-m_1}{m}\times 100$$

式中：

ω 为样品中 ADL 的质量分数，单位为百分比（%）；

m 为试样的质量，单位为克（g）；

m_1 为聚酯网袋的质量，单位为克（g）；

m_2 为聚酯网袋及其袋内残渣在 105℃干燥后的质量，单位为克（g）。

减去残渣中酸不溶灰分，可按下式计算：

$$\omega(ADL)=\frac{m_2-m_1-m_4+m_3}{m}\times 100$$

式中：

ω 为试样中 ADL 的质量分数，单位为百分比（%）；

m 为试样的质量，单位为克（g）；

m_1 为聚酯网袋的质量，单位为克（g）；

m_2 为聚酯网袋及其袋内残渣在 105℃干燥后的质量，单位为克（g）；

m_3 为坩埚的质量，单位为克（g）；

m_4 为坩埚及其聚酯网袋残渣在 500℃灰化后的质量，单位为克（g）。

（七）重复性

（1）每试样称取 2 个平行样测定，取平均值为分析结果，保留至小数点后 2 位。

（2）在同一实验室，由同一操作者使用相同设备，按相同的测试方法，并在短时间内对同一被测对象相互独立进行测试，获得的 2 次独立测试结果的绝对差值不大于这 2 个测定值的算术平均值的 20%。

六、牧草中脂肪含量的测定

（一）功能

脂肪是动物体内能量的储存及供能形式，也是动物机体的最重要组成部分，能提高饲料的代谢能含量。脂肪是脂溶性维生素的溶剂，能促进脂溶性维生素的吸收利用；能改善饲料的适口性及饲料外观，降低饲料粉尘；能有效延长饲料制粒机的寿命。

（二）原理

利用脂肪不溶于水而溶于脂溶性有机溶剂的特性，如乙醚、石油醚等，把饲料中的脂肪全部浸提出来，然后将溶剂蒸发，称取残留物的重量，即可测定样品中脂肪的含量。

由于溶剂不仅能够溶解真脂肪，而且还有有机的脂肪酸、蜡质、磷脂、固醇及色素等脂溶性物质，一起被浸提出来，所以测定的脂肪称粗脂肪或醚浸出物。

（三）仪器、设备

分析天平：感量 0.000 1g；
烘箱；
备有硅胶干燥剂的干燥器；
索氏提取仪。

（四）试剂

石油醚。

（五）实验步骤

1. 恒重抽提铝杯

将抽提铝杯清洗干净，编号，置于105℃电热恒温干燥箱烘干1h，取出后置于干燥器中冷却，称重，直至恒重（m_1）。

2. 提取

称取1.0g（m_0）左右样品，装入滤纸袋中。取恒重抽提铝杯，放入仪器加注80mL（沸程30~60℃）石油醚开机运行。待程序完成即抽提完成后将铝杯取出，并放入通风橱中晾干石油醚，后置于105℃烘箱烘干，并恒重（m_2）。

（六）计算

试样中脂肪含量按下式计算：

$$w=\frac{m_2-m_1}{m_0}\times 100$$

式中：

w 为试样中脂肪的质量分数，单位为百分比（%）；

m_0 为样品重量，单位为克（g）；

m_1 为空铝杯重量，单位为克（g）；
m_2 为铝杯和脂肪的总重量，单位为克（g）。

（七）精密度

在重复性条件下获得的 2 次独立测定结果的绝对差值不得超过算术平均值的 10%。

七、牧草中淀粉的测定

（一）功能

淀粉是一种多糖，它广泛存在于植物的根、茎、叶、种子等组织中，是人类食物的重要组成部分，也是人体热能的主要来源。淀粉是由葡萄糖单位构成的聚合体，淀粉广泛应用于食品工业中，如雪糕、冷饮食品的稳定剂，肉罐头的增稠剂，糖果的填充料，以及作为胶体生成剂、保湿剂、乳化剂、黏合剂等。

（二）原理

试样经除去脂肪及可溶性糖类后，其中淀粉用酸水解成具有还原性的单糖，然后按还原糖测定，并折算成淀粉。

（三）试剂及仪器

1. 试剂

盐酸（HCL）、氢氧化钠（NaOH）、乙酸铅（$PbC_4H_6O_4 \cdot 3H_2O$）、硫酸钠（Na_2SO_4）、石油醚：沸点范围为 30～60℃、无水乙醇（C_2H_5OH）或 95%乙醇、甲基红（$C_{15}H_{15}N_3O_2$）指示剂、精密 pH 试纸：6.8～7.2。

2. 试剂配制

甲基红指示液（2g/L）：称取甲基红 0.20g，用少量乙醇溶解后，加水定容至 100mL；

氢氧化钠溶液（400g/L）：称取 40g 氢氧化钠加水溶解后，冷却至室温，稀释至 100mL；

乙酸铅溶液（200g/L）：称取 20g 乙酸铅，加水溶液并稀释至 100mL；

硫酸钠溶液（100g/L）：称取 10g 硫酸钠，加水溶解并稀释至 100mL；

盐酸溶液（1+1）：量取 50mL 盐酸，与 50mL 水混合；

乙醇（85%V/V）：取 85mL 无水乙醇，加水定容至 100mL 混匀；

葡萄糖标准溶液：D-无水葡萄糖（$C_6H_{12}O_6$），纯度≥98%（HPLC）。准确称取 1g（精确至 0.000 1g）经过 98~100℃ 干燥 2h 的 D-无水葡萄糖，加水溶解后加入 5mL 盐酸，并以水定容至 1 000mL。此溶液每毫升相当于 1.0mg 葡萄糖。

3. 仪器和设备

天平：感量为 1mg 和 0.1mg；

恒温水浴锅：可加热至 100℃；

回流装置：并附 250mL 锥形瓶；

高速组织捣碎机；

电炉。

（四）测定步骤

样品称取 2~5g（精确到 0.001g），置于放有慢速滤纸的漏斗中，用 50mL 石油醚分 5 次洗去试样中的脂肪，弃去石油醚。用 150mL 乙醇分数次洗涤残渣，以充分除去可溶性糖类物质。滤干乙醇溶液，以 100mL 水洗涤漏斗中残渣并转移至 250mL 锥形瓶中，加入 30mL 盐酸，接好冷凝管，置沸水浴中回流 2h。回流完毕后，立即冷却。待试样水解液冷却后，加入 2 滴甲基红指示液，先以氢氧化钠溶液调至黄色，再以盐酸校正至试样水解液刚变成红色。然后加 20mL 乙酸铅溶液，摇匀，放置 10min。再加 20mL 硫酸钠溶液，以除去过多的铅。摇匀后将全部溶液及残渣转入 500mL 容量瓶中，用水洗涤锥形瓶，洗液合并入容量瓶中，加水稀释至刻度。过滤，弃去初滤液 20mL，滤液供测定用。

（五）计算方法

试样中淀粉的含量按下式进行计算：

$$w = \frac{(A_1 - A_2) \times 0.9}{m \times \frac{V}{500} \times 1\,000} \times 100$$

式中：

w 为试样中淀粉的含量，单位为克每百克（g/100g）；

A_1 为测定用试样中水解液葡萄糖质量，单位为毫克（mg）；

A_2 为试剂空白中葡萄糖质量，单位为毫克（mg）；

0.9 为葡萄糖折算成淀粉的换算系数；

m 为称取试样质量，单位为克（g）；

V 为测定用试样水解液体积，单位为毫升（mL）；

500 为试样液总体积，单位为毫升（mL）。

结果保留 3 位有效数字。

（六）注意事项

（1）易于粉碎的试样，磨碎过 0.425mm 筛；其他样品，称取一定量样品，准确加入适量水在组织捣碎机中捣成匀浆（蔬菜、水果需先洗净晾干取可食部分）。称取相当于原样质量 2.5~5g（精确到 0.001g）。

（2）根据样品的实际情况，可适当增加洗涤液的用量和洗涤次数，以保证干扰检测的可溶性糖类物质洗涤完全。

（3）若试样水解液颜色较深，可用精密 pH 试纸测试，使试样水解液的 pH 值约为 7。

八、牧草中粗灰分的测定

（一）原理

试样中的有机质经灼烧分解，对所得的灰分称量。

注：灰分用质量分数表示。

（二）仪器设备

除常用实验室设备外，其他仪器设备如下。

分析天平：感量为 0.001g；

马弗炉：电加热，可控制温度，带高温计。马弗炉中摆放煅烧盘的地方，在 550℃时温差不超 20℃；

干燥箱：温度控制在（103±2）℃；

电热板或煤气喷灯；

煅烧盘：铂或铂合金（如 10%铂，90%金）或在实验条件下不受影响的其他物质（如瓷质材料），最好是表面积约为 $20cm^2$、高约为 2.5cm 的长方形容器，对易于膨胀的碳水化合物样品，灰化盘的表面积约为 $30cm^2$、高为 3.0cm 的容器；

干燥器：盛有有效的干燥剂。

（三）采样

重要的是实验室收到一份真正具有代表性的样品，并且在运输及保存过程中不受到破坏或不发生变化。样品应以不破坏或不改变其组分的方式储存。

（四）实验步骤

1. 试样制备

试样制备按 GB/T 20195—2006 执行。

2. 试验步骤

将煅烧盘放入马弗炉中，于 550℃，灼烧至少 30min，移入干燥器中冷却至室温，称量，准确至 0.001g 称取约 5g 试样（精确至 0.001g）于煅烧盘中。

3. 测定

将盛有试样的煅烧盘放在电热板或煤气喷灯上小心加热至试样炭化，转入预先加热到 550℃ 的马弗炉中灼烧 3h，观察是否有炭粒，如无炭粒，继续于马弗炉中灼烧血，如果有炭粒或怀疑有炭粒，将煅烧盘冷却并用蒸馏水润湿，在（103±2）℃的干燥箱中仔细蒸发至干，再将煅烧盘置于马弗炉中灼烧 1h，取出于干燥器中，冷至室温迅速称量，准确至 0.001g。

注：由上述步骤得到的粗灰分可用于测定盐酸不溶性灰分（参见 ISO 5985—2002）。

对同一试样取 2 份试料进行平行测定。

（五）结果表示

试样中粗灰分含量按下式计算：

$$w = \frac{m_2 - m_0}{m_1 - m_0} \times 100$$

式中：

w 为样品中粗灰分的质量分数，单位为百分比（%）；

m_2 为灰化后粗灰分加煅烧盘的质量，单位为克（g）；

m_0 为空煅烧盘的质量，单位为克（g）；

m_1 为装有试样的煅烧盘质量，单位为克（g）。

取 2 次测定的算术平均值作为测定结果，重复性限满足要求，结果表示至 0.1%（质量分数）。

（六）精密度

1. 重复性

用同一方法，对相同试验材料，在同一实验室内，由同一操作人员使用同一设备获得的 2 个独立试验结果之间的绝对差值超过重复性限 r 的情况不大于 5%。

2. **再现性**

用相同的方法，对同一试样，在不同的实验室内，由不同的操作人员，用不同的设备得到的 2 个独立的试验结果之差的绝对值超过再现性限 R 的情况不大于 5%。

九、牧草中粗蛋白质的测定

本方法适用于饲料原料、配合饲料、浓缩饲料、精料补充料和添加剂预混饲料中粗蛋白质的测定。

（一）功能

蛋白质是由不同的氨基酸组成，是一切生命物质的基础，是构成与修补动物体组织器官不可少的基础物质。如肌肉，皮毛、血液、神经各种内脏器官等都是以蛋白质为主要原料构成的。蛋白质是参与新陈代谢的调节作用，如：各种霉类，激素、抗体等都是由蛋白质构成的。蛋白质是供给能量。在碳水化合物和脂肪不足的情况下，蛋白质可以转化为能量，来保证机体正常的生长发育。蛋白质是形成产品，如：皮、毛、肉、乳、蛋等都含有各种不同的蛋白质成分。如蛋白质供给不足，就会造成羊食欲减退，生长受阻，增重缓慢，抗病力下降，肉品和毛质量降低，繁殖母羊发情排卵异常，受孕率、产羔数降低，胎儿发育不良，死胎、怪胎增多，生后生长受阻，体重减轻，产后缺奶。一般情况下动物性蛋白质高于植物性蛋白质。

（二）原理

试样在催化作用下，经硫酸消解，含氮化合物转化成硫酸铵，加碱蒸馏使氨逸出，用硼酸吸收后，以硫酸或盐酸标准滴定溶液滴定，根据酸的消耗量，测出氮含量，再乘以换算系数 6.25，计算出粗蛋白质含量。

（三）试剂和材料

除非另有说明，本方法所用试剂均为分析纯。

水符合 GB/T 6682—2008 规定分析实验室用水规格和试验方法。

硼酸（H_3BO_3）：化学纯；

氢氧化钠（NaOH）：化学纯；

硫酸（H_2SO_4）：化学纯；

硫酸铵（NH_4SO_4）：分析纯/优级纯；

蔗糖；

混合催化剂：称取 0.4g 五水硫酸铜、6.0g 硫酸钾或硫酸钠，研磨混匀；或购买商品化的凯氏定氮催化剂片；

硼酸吸收液 1：称取 10g 硼酸，用水溶解并定容至 1 000mL；

硼酸吸收液 2：1%硼酸水溶液 1 000mL，加入 0.1%溴甲酚绿乙醇 10mL，0.1%甲基红乙醇溶液 7mL，4%氢氧化钠水溶液 0.5mL，混匀，室温保存期为 1 个月（全自动程序用）；

氢氧化钠溶液：称取 40g 氢氧化钠，用水溶解，冷却至室温后，用水稀释至 100mL；

盐酸标准滴定溶液 C（HCl）= 0.1mol/L 或 0.02mol/L，按 GB/T 601 配制和标定；

甲基红乙醇溶液：称取 0.1g 甲基红，用乙醇溶解并稀释至 100mL；

溴甲酚绿乙醇溶液：称取 0.5g 溴甲酚绿，用乙醇溶解并稀释至 100mL；

混合指示剂溶液：将甲基红乙醇溶液和溴甲酚绿乙醇溶液等体积混合。该溶液室温避光保存，有效期 3 个月。

（四）仪器设备

分析天平：感量 0.000 1g；

消煮炉或电炉；

凯氏烧瓶：250mL；

消煮管：250mL；

凯氏蒸馏装置：常量直接蒸馏式或半微量水蒸气蒸馏式；

定氮仪：以凯氏原理制造的各类型半自动、全自动定氮仪。

（五）实验步骤

1. 半微量法（仲裁法）

（1）试样消煮。

①凯氏烧瓶消煮：平行做两份试验。称取试样 0.5~2g（含氮量 5~80mg，准确至 0.000 1g），置于凯氏烧瓶中，加入 6.4g 混合催化剂，混匀，加入 12mL 硫酸和 2 粒玻璃珠，将凯氏烧瓶置于电炉上，开始于约 200℃加热，待试样焦化、泡沫消失后，再提高温度至约 400℃，直至呈透明的蓝绿色，然后继续加热至少 2h。取出，冷却至室温。

②消煮管消煮：平行做 2 份试验。称取试样 0.5~2g（含氮量 5~80mg，准

确至 0.000 1g)，放入消煮管中加入 2 片凯氏定氮催化剂片或 6.4g 混合催化剂，12mL 硫酸，于 420℃ 消煮炉上消化 1h。取出，冷却至室温

(2) 氨的蒸馏。待试样消煮液冷却，加入 20mL 水，转入 100mL 容量瓶中，冷却后用水稀释至刻度，摇匀，作为试样分解液。将半微量蒸馏装置的冷凝管末端浸入装有 20mL 硼酸吸收液 1 和 2 的混合指示剂的锥形瓶中。蒸汽发生器的水中应加入甲基红指示剂数滴，硫酸数滴，在蒸馏过程中保持此液为橙红色，否则需补加硫酸。准确移取试样分解液 10~20mL 注入蒸馏装置的反应室中，用少量水冲洗进样入口，塞好入口玻璃塞，再加 10mL 氢氧化钠溶液，小心提起玻璃塞使之流入反应室，将玻璃塞塞好，且在入口处加水密封，防止漏气。蒸馏 4min 降下锥形瓶使冷凝管末端离开吸收液面，再蒸馏 1min，至流出液 pH 值为中性。用水冲洗冷凝管末端，洗液均需流入锥形瓶内，然后停止蒸馏。

(3) 滴定。将蒸馏后的吸收液立即用 0.1mol/L 或 0.02mo/L 盐酸标准滴定溶液滴定，溶液由蓝绿色变成灰红色为滴定终点。

2. 全量法

(1) 氨的蒸馏。

①待试样消煮液冷却，加入 60~100mL 蒸馏水，摇匀，冷却。将蒸馏装置的冷凝管末端浸入装有 25mL 硼酸吸收液 1 和 2 的混合指示剂的锥形瓶中。然后小心地向凯氏烧瓶中加入 50mL 氢氧化钠溶液，摇匀后加热蒸馏，直至馏出液体积约为 100mL。降下锥形瓶，使冷凝管末端离开液面，继续蒸馏 1~2min，至流出液 pH 值为中性。用水冲洗冷凝管末端，洗液均需流入锥形瓶内，然后停止蒸馏。

②采用半自动凯氏定氮仪时，将带消煮液的消煮管插在蒸馏装置上，以 25mL 硼酸吸收液 1 为吸收液，加入 2 滴混合指示剂，蒸馏装置的冷凝管末端要浸入装有吸收液的锥形瓶内，然后向消煮管中加入 50mL 氢氧化钠溶液进行蒸馏，至流出液 pH 值为中性。蒸馏时间以吸收液体积达到约 100mL 时为宜。降下锥形瓶，用水冲洗冷凝管末端，洗液均需流入锥形瓶内。

③采用全自动凯氏定氮仪时，按仪器操作说明书进行测定。

(2) 滴定。用 0.1mol/L 盐酸标准滴定溶液滴定吸收液，溶液由蓝绿色变成灰红色为终点。

3. 蒸馏步骤查验

精确称取 0.2g 硫酸铵 (精确至 0.000 1g)，代替试样，按步骤进行操作，测得硫酸铵含氮量应为 (21.19±0.2)%，否则应检查加碱、蒸馏和滴定各步骤是否正确。

4. 空白测定

精确称取 0.5g 蔗糖 (精确至 0.000 1g)，代替试样，进行空白测定，消耗

0.1mol/L 盐酸标准滴定溶液的体积不得超过 0.2mL，消耗 0.02mol/L 盐酸标准滴定溶液体积不得超过 0.3mL。

（六）试验数据处理

试样中粗蛋白质的含量按下式计算：

$$w = \frac{(V_2 - V_1) \times c \times 0.0140 \times 6.25}{(m \times \frac{V'}{V})} \times 100$$

式中：

w 为粗蛋白质的含量，单位为百分比（%）；

V_2 为滴定试样所消耗盐酸标准滴定溶液的体积，单位为毫升（mL）；

V_1 为滴定空白所消耗盐酸标准滴定溶液的体积，单位为毫升（mL）；

c 为盐酸标准滴定溶液的浓度，单位为摩尔每升（mol/L）；

m 为试样质量，单位为克（g）；

V' 为试样消煮液总体积，单位为毫升（mL）；

V 为蒸馏用消煮液体积，单位为毫升（mL）；

0.014 0 为氮的摩尔质量，单位为克每摩尔（g/mol）；

6.25 为氮换算成粗蛋白质的平均系数。

每个试样取 2 个平行样进行测定，以其算术平均值为测定结果，计算结果表示至小数点后 2 位。

（七）精密度

在重复性条件下，2 次独立测定结果与其算术平均值的绝对差值与该平均值的比值应符合以下要求：

粗蛋白质含量大于 25%时，不超过 1%；

粗蛋白质含量在 10%~25%时，不超过 2%；

粗蛋白质含量小于 10%时，不超过 3%。

十、牧草中氨基酸含量的测定

（一）功能

氨基酸是构成蛋白质的基本单位，是牧草营养价值的重要指标。牧草中氨基酸的组成特点和比例直接影响家畜对含氮物质的利用率、蛋白质的转化率和反刍家畜瘤胃微生物蛋白质的组成和数量。必需氨基酸是指动物机体需要，但自己不能充分合成，必须从牧草中来摄取，因此牧草中氨基酸的含量及种类对牧草的营养价值有着重要的作用。其中牧草中氨基酸含量的检测过程如下。

（二）原理

1. 分离原理

氨基酸分析仪所使用的是 Na^+ 型磺酸基强酸性阳离子交换树脂。氨基酸离子和强酸性活性基团之间能发生相互作用。由于氨基酸为两性电解质，在酸性条件下呈 ^+H_2N-CHRCOOH 状态，能被树脂表面的活性基团吸附，通过淋洗液 PH 值的变化使氨基酸被逐一淋洗下来。酸性氨基酸与活性基团亲和力最弱最先被淋洗下来，其次是羟基氨基酸和中性氨基酸，然后是芳香族氨基酸，碱性氨基酸最后被淋洗出来。

2. 显色原理

氨基酸经过离子交换柱分离后，从柱中流出与茚三酮溶液混合，反应液进入到反应螺管之中。反应液在反应螺管中被加热到 130℃，氨基酸被氧化，脱去氨基和羧基，生成相应的醛，茚三酮本身被还原成还原性茚三酮，后者再与另一分子的茚三酮及氨反应生成蓝紫色物质，其最大吸收波长为 570nm。反应过程如下：

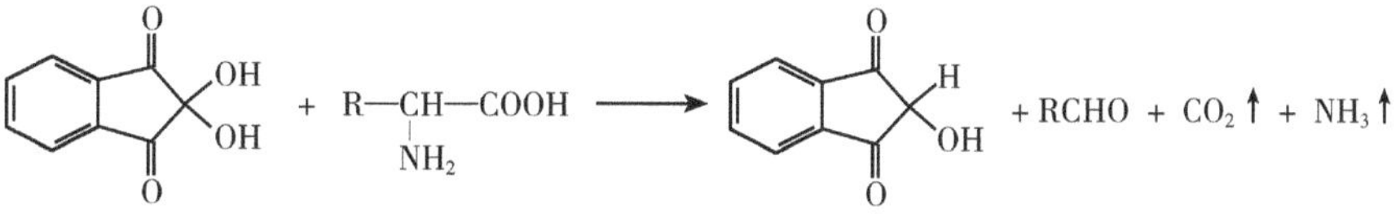

+ R—CH(NH$_2$)—COOH ⟶ + RCHO + CO_2↑ + NH_3↑

（水合茚三酮）　　（还原茚三酮）

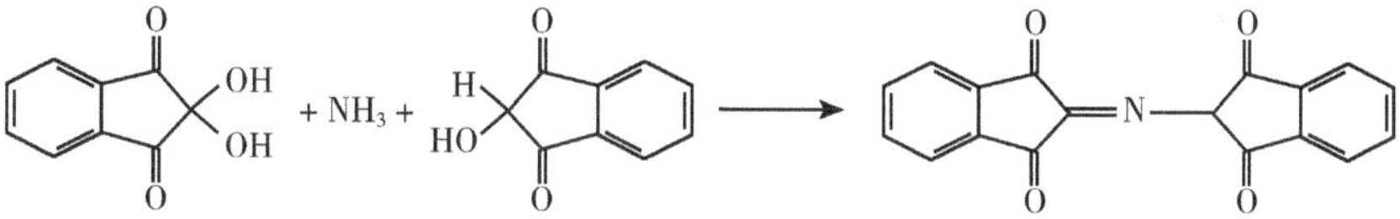

+ NH_3 + ⟶

（兰紫色化合物）

对于脯氨酸与茚三酮反应不释放 NH_3，而是生成黄色化合物，最大吸收波长为 440nm。反应过程如下：

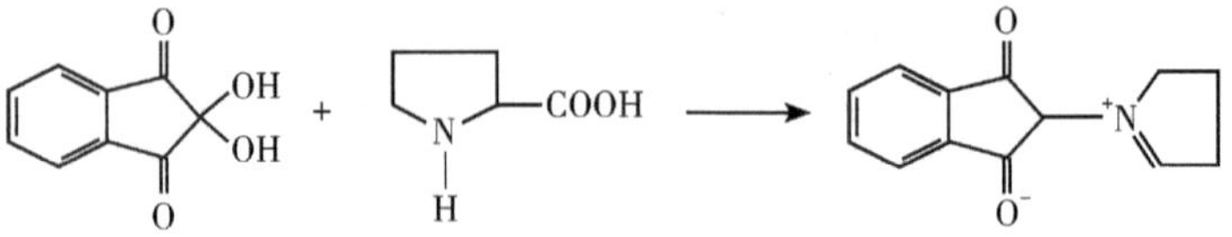

（黄色化合物）

（三）仪器设备

分析天平：感量 0.000 1g；

氮吹仪；

恒温箱或水解炉；

旋转蒸发器或浓缩仪：可在室温至 65℃调温，控温精度±1℃，真空度可低至 3.3×10^{3}Pa（25mm 汞柱）；

氨基酸自动分析仪：茚三酮柱后衍生离子交换色谱仪，要求各氨基酸的分辨率大于 90%。

（四）试剂及配制

（1）盐酸溶液，c(HCl)＝6mol/L：将优级纯盐酸与水等体积混合。

（2）柠檬酸钠缓冲液（样品稀释液）pH 值 2.2，c(Na^{+})＝0.12mol/L：准确称取 11.8g 柠檬酸三钠，6.0g 柠檬酸，10.4mL 盐酸于 500mL 水中，溶解，转移至 1L 容量瓶中，定容，摇匀。

（3）氨基酸标准溶液的配制：吸取 1.00mL 的氨基酸混合标准储备液（100nmol/L），用样品稀释液定容至 25mL，混匀，供上机使用。

（4）氨基酸分析仪上所用溶液。

①缓冲液 Buffer A（pH 值 3.45）：取柠檬酸三钠（二水）11.8g，柠檬酸 6.0g，苯酚 0.5g，用水溶解，加入 32% HCl 6.5mL，甲醇 65mL，混合均匀后用 HCl 溶液和 NaOH 溶液调 pH 值到 3.45（精确到小数点后第 2 位），最后定容至 1L，0.45μm 滤膜过滤后，供上机测定使用。

②缓冲液 Buffer B（pH 值 10.85）：取柠檬酸三钠（二水）19.6g，硼酸 5.0g，氢氧化钠 3.1g 用水溶解，混合均匀后用 HCL 溶液和 NaOH 溶液调 pH 值到 10.85（精确到小数点后第 2 位），最后定容至 1L，0.45μm 滤膜过滤后，供上机测定使用。

③茚三酮溶液的配置：

A. 4mol/L 钾/钠醋酸缓冲液（pH 值 5.51）：取三水醋酸钠 272.0g，醋酸钾

196.0g，加入去离子水约 500mL 和乙酸（99%~100%）200mL 溶解。混合均匀，用醋酸调 pH 值到 5.51 后，定容至 1L，0.45μm 滤膜过滤。

B. 茚三酮衍生溶液：取 20g 茚三酮，加入 600mL 甲醇，再加入 2g 苯酚搅拌溶解；加入 400mL 4mol/L 钾/钠醋酸缓冲液混合均匀，定容至 1L。然后移入干净的茚三酮储液瓶中，向溶液中通入氮气 3min。最后向溶液中加入还原剂，然后向溶液上吹氮气 3min。(注：每次都应弃去旧的茚三酮衍生液，储液瓶清洗干净后使用)

④清洗溶液：600mL 异丙醇与 400mL 去离子水混合。

（五）测定过程

根据牧草中蛋白质的含量，称量一定量的试样于水解管中，加入 10mL，6mol/L HCl 溶液，抽真空充入氮气 3~5min 后，立即盖上水解管上的胶皮塞。将已封口的水解管放在（110±1）℃的电热鼓风恒温箱中，水解 22h 后，取出，冷却至室温。打开水解管，将水解液过滤至 50mL 容量瓶中，用少量水多次冲洗水解管，洗液一并转入容量瓶中，最后用水定容至刻度，混匀。准确吸入 1.0mL 滤液于 15mL 或 25mL 试管内，在试管浓缩仪上在 60℃加热环境下，减压干燥至试液全部蒸干。用 2mL pH 值 2.2 的柠檬酸钠缓冲溶液溶解干燥后试管中的样品，振荡混匀后，吸取试样，通过 0.45μm 的水系滤膜后转移至进样瓶中，待测。

（六）分析结果的表述

试样中氨基酸的含量按下式计算：

$$\omega = \frac{A_1}{m} \times 10^{-6} \times D \times 100$$

式中：

ω 为用未脱脂试样测定的其氨基酸的质量分数，单位为百分比（%）；

A_1 为每毫升上机水解液中氨基酸的含量，单位为纳克（ng）；

m 为试样质量，单位为毫克（mg）；

D 为试样稀释倍数。

以 2 个平行试样测定结果的算术平均值作为计算结果，计算结果保留 2 位小数。

十一、牧草中能量的测定

（一）原理

在密闭的氧弹中，在充足的氧气条件下，令牧草及草产品完全燃烧，燃烧所放出的热量被氧弹周围一定的水所吸收，根据能量守恒原理，换算出样品完全燃烧所释放热量，即为牧草及草产品能量值。

（二）试剂与溶液

除特殊规定外，本方法所用试剂均为分析纯，水为二级水。
苯甲酸标准品［标准号 GBW（E）130035］。

（三）仪器、设备

热量分析仪；
分析天平：感量 0.000 1g；
压片机；
氧气（纯度大于 99.999%）及氧气钢瓶；
量筒：10mL；
镊子；
坩埚。

（四）试样制备

采集具有代表性的草样品至少 2kg，四分法缩分至约 250g，经过 105℃、2h 杀青，65℃、24h 烘干，粉碎，过 40 目筛，混匀，装入密闭广口试样瓶中，常温保存备用。

（五）测定步骤

1. 称样

采用 0.000 1g 的天平准确称取包样材料的重量，计算出包样材料的能值，然后将样品称于包样材料上，并称取 0.300 0~0.500 0g 粉碎样品。

2. 包样及压片

用镜头纸或者滤纸将样品包好，包好样品然后用压片机进行压片，压好的待测物要保证能完全放入金属坩埚内且样品无外漏。

3. 测定

（1）开机。先打开冷却器，设定冷却器里的水温为20℃，打开氧气钢瓶并调节压力为0.3~0.4MPa，打开量热仪，仪器进行3~4min 自检。

（2）盛放样品。氧弹中先加入10mL 蒸馏水，在氧弹盖的点火丝上系上点火棉线，样品架上放置坩埚，用样品包将点火棉线压在坩埚下，氧弹盖放入氧弹中并压紧，拧上外盖，将氧弹挂在量热仪上。

（3）检测。输入样品质量、点火丝热量（50J）、包样材料热量，点击开始测量。

（4）清理氧弹。测定结束取出氧弹，放出内部气体，打开氧弹，清洗氧弹，擦干氧弹内外水分。

（5）关机。排出氧弹中水并关机，然后关闭氧气钢瓶。

（六）结果计算

测定结果为直接读取，测定结果为样品燃烧总热量减去点火棉线热量与包样材料热量。每个试样取2个平行样进行测定，以其算术平均值为结果。结果表示为J/g。

（七）注意事项

（1）样品在测定过程中切勿往冷却器里注水。

（2）样品测定完成后，若发现氧弹内部有样品或黑色物质，则表明燃烧不完全，需重新测定。

（3）氧气钢瓶总压力小于1Mpa 时，需要更换样品钢瓶，更换时要严格遵守钢瓶更换操作规程，注意安全。

（4）测定完成之后，氧弹中液体为废酸，注意切勿触碰皮肤。

十二、牧草中有机碳的测定

（一）原理

在加热条件下，用过量的重铬酸钾-硫酸溶液氧化牧草及草产品中有机碳，多余的重铬酸钾用硫酸亚铁标准溶液滴定，由消耗的重铬酸钾量按氧化校正系数计算出有机碳量，即为牧草及草产品的有机碳含量。

（二）试剂与溶液

除特殊规定外，本方法所用试剂均为分析纯，水为 GB/T 6682—2008 中规定的三级水。

1. 0.4mol/L 重铬酸钾-硫酸溶液

称取 40.0g 重铬酸钾（化学纯）溶于 600～800mL 水中，用滤纸过滤到 1L 量筒中，用水洗涤滤纸并加水至 1L，将此溶液移入 3L 大烧杯中。另取 1L 密度为 1.84g/mL 的浓硫酸（化学纯），慢慢地倒入重铬酸钾水溶液中，不断搅拌。为避免溶液急剧升温，每加约 100mL 浓硫酸后可稍停片刻，并把大烧杯放在盛有冷水的大塑料盆内冷却，当溶液的温度降到不烫手时再加另一份浓硫酸，直到全部加完为止。此溶液浓度 $c\ (1/6K_2Cr_2O_7) = 0.4mol/L$。

2. 0.1mol/L 硫酸亚铁溶液

称取 28.0g 硫酸亚铁（化学纯）溶于 600～800mL 水中，加浓硫酸（化学纯）20mL 搅拌均匀，静止片刻后用滤纸过滤到 1L 容量瓶中，用水洗涤滤纸并加水至 1L。此溶液容易被空气氧化而导致浓度下降，每次使用时应标定其准确浓度。

0.1mol/L 硫酸亚铁溶液的标定：吸取 0.100 0 mol/L 重铬酸钾标准溶液 20.00mL 放入 150mL 三角瓶中，加浓硫酸 3～5mL 和邻菲啰啉指示剂 3 滴，以硫酸亚铁溶液滴定，根据硫酸亚铁溶液消耗量即可计算出硫酸亚铁溶液准确浓度。

3. 重铬酸钾标准溶液

准确称取 130℃烘 2～3h 的重铬酸钾（优级纯）4.904g，先用少量水溶解，然后无损地移入 1 000mL 容量瓶中，加水定容，此标准溶液浓度 $c\ (1/6K_2Cr_2O_7) = 0.100\ 0mol/L$。

4. 邻菲啰啉（$C_{12}HgN_2 \cdot H_2O$）指示剂

称取邻菲啰啉 1.49g 溶于含有 0.70g $FeSO_4 \cdot 7H_20$ 或 1.00g $(NH_4)_2SO_4 \cdot FeSO_4 \cdot 6H_2O$ 的 100mL 水溶液中。此指示剂易变质，应密闭保存在棕色瓶中。

（三）仪器、设备

油浴锅；

50.00mL 酸式滴定管；

天平：感量为 0.000 1g；

硬质试管（25mm×200mm）；

温度计（0～300℃）；

铁丝笼：大小和形状与油浴锅配套，内有若干小格，每格内可插入一支试管。

（四）试样制备

采集具有代表性的草样品至少 2kg，四分法缩分至约 250g，经过 105℃、2h 杀青，65℃、24h 烘干，粉碎，过 40 目筛，混匀，装入密闭广口试样瓶中，常温保存备用。

（五）测定步骤

准确称取烘干草样 0.010 0～0.100 0g 放入硬质玻璃管中，然后准确加入 10.00mL 0.4mol/L 重铬酸钾–硫酸溶液，摇匀并在每个试管口插入一玻璃漏斗，将试管逐个插入铁丝笼中，再将铁丝笼沉入 185～190℃的油浴锅内，使管中的液面低于油面，要求放入后油浴温度下降至 170～180℃，等试管中的溶液沸腾时开始计时，不能使溶液剧烈沸腾，其间可轻轻提起铁丝笼在油浴锅中晃动数次，以使液温均匀，并维持在 170～180℃，（5±0.5）min 后将铁丝笼从油浴锅内提出，冷却片刻，擦去试管外的油液。把试管内的消煮液及草样残渣无损地转入 150mL 三角瓶中，用水洗涤试管和小漏斗，洗液并入三角瓶中，使三角瓶中的总液体控制在 50～60mL。加 3 滴邻菲啰啉指示剂，用硫酸亚铁溶液滴定剩余的重铬酸钾溶液，溶液的变色过程是橙黄—蓝绿—棕红。

如果滴定所用硫酸亚铁毫升数不到空白试验消耗硫酸亚铁毫升数的 1/3，则应减少称样量重新测量。

每批分析时必须同时做 2 个空白试验，即取大约 0.1g 石英砂代替草样，其他步骤相同。

（六）结果计算

试样中有机碳含量按下式计算：

$$w = \frac{c \times 0.003 \times 1.1 \times (V_0 - V)}{m} \times 100$$

式中：

w 为牧草及草产品有机碳质量分数，单位为百分比（%）；

c 为硫酸亚铁溶液浓度，单位为摩尔每升（mol/L）；

V_0 为空白试验所消耗硫酸亚铁体积，单位为毫升（mL）；

V 为试样测定所消耗硫酸亚铁体积，单位为毫升（mL）；

0.003 为 1/4 碳原子毫摩尔质量，单位为克（g）；

1.10 为氧化校正系数；

m 为所称取牧草及草产品质量，单位为克（g）；

（七）注意事项

（1）加热时，产生的二氧化碳气泡不是真正沸腾，只有在真正沸腾时才能开始计算时间。

（2）测定使用的油浴锅温度很高，使用时注意佩戴防烫手套。

第三章　牧草中各类元素的测定

一、牧草中磷元素的测定

（一）原理

试样中的总磷经消解，在酸性条件下与钒钼酸铵生成黄色的钒钼黄 $(NH_4)_3PO_4NH_4VO_3 \cdot 16MoO_3$ 络合物。钒钼黄的吸光值与总磷的浓度成正比。在波长 400nm 下测定试样溶液中钒钼黄的吸光值，与标准系列比较定量。

范围：本方法适用于牧草中磷的测定。

检出限：当取样量 5g，定容至 100mL 时，检出限为 20mg/kg，定量限为 60mg/kg。

（二）试剂或材料

所用试剂和水，在没有注明其他要求时，均指分析纯试剂和 GB/T 6682—2008 中规定的三级水。实验中所用标准滴定溶液、杂质测定用标准溶液、制剂及制品，在没有注明其他要求时，均按 GB/T 601—2016、GB/T 602—2002、GB/T 603—2002 的规定制备。实验中所用溶液在未注明用何种溶液配制时，均指水溶液。

硝酸；

高氯酸；

盐酸溶液：盐酸+水＝1+1；

钒钼酸铵显色剂：称取偏钒酸铵 1. 25g，加水 200mL 加热溶解，冷却后加入硝酸 250mL，另称取钼酸铵 25g，加水 400mL 加热溶解，在冷却的条件下，将 2 种溶液混合，用水定容至 1 000mL。避光保存，若生成沉淀，则不能继续使用；

磷标准储备液（50μg/mL）：将磷酸二氢钾在 105℃ 干燥至恒温，置干燥器中，冷却后，精密称取 0. 219 5g，溶解于水，定量转入 1 000mL 容量瓶中，加硝酸 3mL，加水稀释至刻度，摇匀，置聚乙烯瓶中 4℃ 下可储存 1 个月。

（三）仪器设备

实验室用样品粉碎机或研钵；

分样筛：孔径 0.42mm（40 目）；

紫外-可见分光光度计；带 1cm 比色皿；

分析天平：感量 0.000 1g；

高温炉：可控温度（550+20）℃；

可调温电炉：1 000W；

电热干燥箱：可控温度+2℃。

试样的制备：按 GB/T 14699.1—2005 抽取有代表性的饲料样品，用四分法缩减取约 200g，按照 GB/T 20195—2006 制备样品，粉碎后过 0.42mm 孔径的分析筛，混匀，装入磨口瓶中，备用。

（四）测定步骤试样的前处理

1. 干灰化法

称取试样 2~5g（精确至 0.000 1g）于坩埚中，在电炉上小心炭化，再放入高温炉，在 550℃ 灼烧 3h（或测粗灰分后继续进行），取出冷却，加入 10mL（1+1）盐酸溶液和硝酸数滴，小心煮沸约 10min，冷却后转入 100mL 容量瓶中，用水稀释至刻度，摇匀，为试样待测液。

2. 湿法消解法

称取试样 0.5~5g（精确至 0.000 1g）置于凯氏烧瓶中，加入硝酸 30mL，小心加热煮沸至黄烟逸尽，稍冷，加入高氯酸 10mL，继续加热至高氯酸冒白烟（不得蒸干），溶液基本无色，冷却，加水 30mL，加热煮沸，冷却后，用水转移至 100mL 容量瓶中，并稀释至刻度，摇匀，为试样待测液。

3. 盐酸溶解法（适用于微量元素预混料）

称取试样 0.2~1g（精确至 0.000 1g）于 100mL 烧杯中缓缓加入盐酸（1+1）10mL，使其全部溶解，冷却后转入 100mL 容量瓶中，用水稀释至刻度，摇匀，为试样待测液。

注：同时做空白试验。

4. 磷标准工作液的制备

准确移取磷标准储备液 0mL、1.0mL、2.0mL、5.0mL、10.0mL、15.0mL 于 50mL 容量瓶中（即相当于磷含量为 0μg,、50μg、100μg、250μg、500μg、750μg），于各容量瓶中分别加入钒钼酸铵显色剂 10mL，用水稀释至刻度，摇匀，常温下放置 10min 以上，0.0mL 溶液为参比，用 1cm 比色皿，在 400nm 波长下用分光光度计测定各溶液的吸光度。以磷含量为横坐标，吸光度为纵坐标，绘制标准曲线。

5. 试样的测定

准确移取试样分解液 1~10.0mL（含磷量 50~750μg）于 50mL 容量瓶中，加入钒钼酸铵显色剂 10mL，用水稀释至刻度，摇匀，常温下放置 10min 以上，用 1cm 比色皿，在 400nm 波长下，用分光光度计测定试样溶液的吸光度。通过标准曲线上计算试样溶液的含磷量。若试样溶液磷含量超过磷标准工作曲线范围，应对试样溶液进行稀释。

（五）结果计算

1. 结果计算

试样中磷的含量按下式计算：

$$w = \frac{P \times V \times V_2}{m \times V_1 \times 1\,000\,000} \times 100$$

式中：

w 为试样中磷的质量分数，单位为百分比（%）；

P 为待测液中磷的质量浓度，单位为毫克每升（mg/L）；

V 为待测液的总体积，单位为毫升（mL）；

V_1 为试样测定时移取待测液的体积，单位为毫升（mL）。

V_2 为显色液体积，单位为毫升（mL）。

m 为试样的质量，单位为克（g）。

2. 结果表示

每个试样称取 2 个平行样进行测定，以其算术平均值为测定结果，计算结果保留至小数点后 2 位。

（六）精密度

在同一实验室，由同一操作者使用相同设备，按相同的测试方法，并在短时间内对同一饲料样品相互独立进行测试获得的 2 次独立测试结果的绝对差值，当样品中磷含量小于或等于 0.5% 时，不得大于这 2 次测定值的算术平均值的 10%；当样品中磷含量大于 0.5% 时，不得大于这 2 次测定值的算术平均值的 3%。以大于这 2 次测定值的算术平均值的百分数的情况不超过 5% 为前提。

二、牧草中硒元素的测定

（一）原理

试样经酸加热消化后，在盐酸介质中，将试样中的六价硒还原成四价硒，用硼氢化钾作还原剂，将四价硒在盐酸介质中还原成硒化氢，由载气带入原子化器中进行原子化，在硒空心阴极灯照射下，基态硒原子被激发至高能态，在去活化回到基态时，发射出特征波长的荧光，其荧光强度与硒含量成正比，与标准系列比较定量。

（二）试剂

以下试剂除特别注明外，均为分析纯，水应符合 GB/T 6682—2008 中规定的二级水。

硝酸：优级纯；

高氯酸：优级纯；

盐酸：优级纯；

混合酸溶液：硝酸+高氯酸：4+1；

氢氧化钠：优级纯；

硒粉：磁氢化钠溶液：5g/L；

铁氰化钾溶液：200g/L；

硒标准储备液：100μg/mL；

硒标准工作液：1μg/mL。

（三）仪器设备

分析天平：感量为 0.000 1g；

原子荧光光度计；

电热板；

载气：高纯氮气。

（四）试验步骤

1. 试样的制备

按 GB/T 14699.1—2005 采样，按 GB/T 20195—2006 制备试样，试样磨碎，通过 0.45mm 孔筛，混匀，装入密闭容器中，避光低温保存备用。

2. 试样的处理

称取试样 0.5~1.0g，准确到 0.000 1g，置于 100mL 高型绕杯内，加 15mL 混合酸溶液及几粒玻璃珠，盖上表面皿冷消化过夜。次日于电热板上加热，当溶液高氯酸冒烟时，再继续加热交剩余体积 2mL 左右，切不可蒸干。冷却，再加 2.5mL 盐酸，用水吹洗表面皿和杯壁，继续加热至高氯酸冒烟时，冷却，移入 50mL 容量瓶中，用水稀释至刻度，摇匀，作为试样消化液。量取 20mL 试样消化液于 50mL 容量瓶中，加 8mL 盐酸，加 2mL 铁氰化钾溶液，用水稀释至刻度，摇匀，待测。

同时在相同条件下，做试剂空白试验。

3. 标准曲线的制备

分别准确量取 0.0mL、0.25mL、0.50mL、1.00mL、2.00mL 和 3.00mL 硒标准工作液于 50mL 容量瓶中，加入 10mL 水，加入 8mL 盐酸，加 2mL 铁氰化钾溶液用水稀释至刻度，摇匀。

4. 仪器参考条件

光电倍增管负高压：340V；硒空心阴极灯电流，60mA；原子化温度，800℃；炉高，8mm；载气流速：500mL/min；屏蔽气流速 1 000mL/min；测量方式：标准曲线法；读数方式峰面积；延迟时间：0.5s；读数时间：15s；加液时间，8s；进样体积，2mL。

5. 测量

设定好仪器最佳条件，待炉温升至设定温度后，稳定 15~20min 开始测量。连续用标准系列的零瓶进样，待读数稳定之后，首先进行标准系列测量，绘制标准曲线。再转入试样测量，分别测量试剂空白和试样，在测量不同的试样前进样器应清洗。测其荧光强度，求出回归方程各参数或绘制出标准曲线。从标准曲线上查得溶液中硒含量，试样中硒的测定结果按下式计算。

（五）结果计算

试样中硒的含量按下式计算：

$$w = \frac{(c - c_0) \times V_0}{m \times V_1 \times 1\ 000}$$

式中：

w 为试样中硒的质量分数，单位为毫克每千克（mg/kg）；

c 为试样消化液中硒的浓度，单位为纳克每毫升（ng/mL）；

c_0 为试剂空白液中硒的浓度，单位为纳克每毫升（ng/mL）；

V_0 为试样消化液总体积，单位为毫升（mL）；

m 为试样质量，单位为克（g）；

V_1 为分取试液的体积，单位为毫升（mL）。

测定结果用平行测定后的算术平均值表示，计算结果表示到 0.01mg/kg。

（六）重复性

在同一实验室，同一分析者对 2 次平行测定的结果，应符合以下相对偏差的要求：

当硒的质量分数小于或等于 0.20mg/kg 时，相对偏差≤25%；

当硒的质量分数大于 0.20mg/kg 而小于 0.40mg/kg 时，相对偏差≤20%；

当硒的质量分数大于 0.40mg/kg 时，相对偏差≤12%。

三、牧草中微量元素的测定（钾、钠、钙、镁、铜、铁、锰、锌）

（一）目的及原理

掌握牧草中元素的测定方法，并了解各类牧草中微量元素的含量。试样经消解后，将试液导入等离子体发射光谱仪，在相应元素波长处测定其强度，采用标准曲线法计算样品中元素含量。

（二）仪器、设备

分析天平：量感 0.000 1g；

控温电热板；

电感耦合等离子体发射光谱仪；

粉碎机；

孔径 0.15mm 筛。

（三）试剂

硝酸（优级纯）；

高氯酸；

钾、钠、钙、镁、铜、铁、锰、锌单元素标准溶液。

（四）试验步骤

1. 试样制备

将牧草放入粉碎机粉碎，全部通过 0.15mm 孔径筛，混匀后储存于密闭容器中，室温保存备用。在试样制备和保存过程中，应防止污染。

2. 试样消解

准确称取 0.5g 左右样品于三角瓶中. 用少量纯化水润湿后加 9mL 硝酸，混匀，盖上表面皿。放在通风橱内，静置 2h，加入 1mL 高氯酸，置于可调电炉上低温消煮至近干，若样品未溶解完全则继续加硝酸消煮直至溶液近干为止，加热，待冒白烟溶液未干前停止加热，将溶液无损失地转移到 50mL 容量瓶中，用超纯水定容至刻度混匀待测，并作空白。

3. 分析谱线波长

8 种元素的可选波长

序数	元素	N1	N2	N3	N4	N5	N6
1	K	0	4	8	16	40	80
2	Na	0	0.1	0.2	0.4	1	2
3	Ca	0	0.5	1	2	5	10
4	Mg	0	2	4	8	20	40
5	Cu	0	0.1	0.2	0.4	1	2
6	Fe	0	0.2	0.4	0.8	2	4
7	Mn	0	0.1	0.2	0.4	1	2
8	Zn	0	0.2	0.4	0.8	2	4

标准溶液浓度配置

序数	元素	波长（nm）	序数	元素	波长（nm）
1	K	766.49	5	Cu	327.40
2	Na	589.59	6	Fe	238.20
3	Ca	317.93	7	Mn	257.61
4	Mg	285.21	8	Zn	206.20

4. 测定

将样品上机测定，具体仪器参数视不同型号仪器而定。

功率：1 300W；

冷却气：20L/min；

辅助气：0.3 L/min；

雾化器：28psi。

（五）结果计算

试样中的各元素的含量按下式计算：

$$w = \frac{(\rho_1 - \rho_0) \times V \times N}{m}$$

式中：

w 为试样中各元素的含量，单位为毫克每千克（mg/kg）；

ρ_1 为待测试液中元素的浓度，单位为毫克每升（mg/L）；

ρ_0 为待测空白溶液中元素的浓度，单位为毫克每升（mg/L）；

V 为待测试液体积，单位为毫升（mL）；

N 为试液稀释倍数；

m 为试样质量，单位为克（g）。

（六）精密度

元素含量≤0.1mg/kg 时，在重复性条件下获得的 2 次独立测定结果的绝对差值不得超过算术平均值的 20%；

元素含量在 0.1~1 mg/kg 时，在重复性条件下获得的 2 次独立测定结果的绝对差值不得超过算术平均值的 15%；

元素含量≥1 mg/kg 时，在重复性条件下获得的 2 次独立测定结果的绝对差值不得超过算术平均值的 10%。

第四章　牧草中农药残留的测定

一、牧草中咪草烟的测定

咪草烟的测定，采用固相萃取小柱净化-高效液相色谱法测定。

（一）原理及意义

咪草烟是一种内吸选择性除草剂，它对二十多种单、双子叶杂草均有较好的防除效果，由于其活性高、用量低、杀草谱宽、选择性强，广泛用于大豆田及林地杂草的防除，在世界除草剂市场中占有重要的地位。但随着除草剂使用量及范围的增大，其在农作物中的残留以及对人类健康造成的毒害也越来越被人们所关注。目前关于牧草及草产品中的咪草烟还没有统一的测定标准，但是检测牧草及草产品中的咪草烟对实际生产具有重要的意义。

样品经过甲醇+碳酸钠提取液提取、离心、萃取、旋蒸，通过键合咪草烟的SCX固相萃取小柱，除杂，甲醇+氨水洗脱，最后用高效液相色谱进行定量检测。

（二）试剂及耗材

1. 试剂

甲醇（CH_3OH）：色谱纯；

碳酸钠（Na_2CO_3）；

磷酸（H_3PO_4）；

二氯甲烷（CH_2Cl_2）；

氨水（$NH_3 \cdot H_2O$）；

冰乙酸（CH_3COOH）；

乙腈（CH_3CN）：色谱纯；

固相萃取柱（SCX）；

有机系过滤头（孔径为0.22μm）。

2. 试剂配制

碳酸钠溶液（0.1mol/L）：称取10.6g碳酸钠，用水溶解，定容至1L容量瓶中。

甲醇-碳酸钠溶液（体积比1∶1）：量取200mL甲醇，加入200mL 0.1mol/L，混匀。

磷酸溶液（10%）：量取10mL磷酸，用水稀释定容至100mL。

氨水-甲醇（1+9）：量取10mL氨水，加入90mL甲醇，混匀。

3. 标准品

咪草烟（$C_{15}H_{19}N_3O_3$）：纯度≥95%，或经国家认证并授予标准物质证书的标准物质。

4. 标准溶液配制

咪草烟标准储备液（1 000mg/L）：准确称取10.0mg咪草烟标准品，用甲醇溶解后，转移入10.00mL，定容至刻度，此溶液浓度为1 000μg/mL，在-20℃冰箱冷冻保存6个月。

咪草烟标准溶液中间液：准确吸取1.00mL于100mL容量瓶，用甲醇定容至刻度，此溶液浓度为10.0μg/mL，在-20℃冰箱冷冻保存1个月。

咪草烟标准系列工作液：分别吸取咪草烟标准中间液0.25mL、0.50mL、1.00mL、1.50mL、2.00mL于10.00mL容量瓶，用流动相定容至刻度，该标准系列咪草烟浓度分别为0.25μg/mL、0.50μg/mL、1.00μg/mL、1.50μg/mL、2.00μg/mL。

（三）实验步骤

1. 提取

称取已经剪成小块状苜蓿新鲜样品5.00g（精确至0.01g）或草粉2.00g（精确至0.01g）于50.00mL的塑料离心管中，加入30.00mL的甲醇-0.1mol/L碳酸钠溶液（体积比50∶50），混匀，超声提取30min，用体积分数10%磷酸溶液调pH值=2.5，于4 000r/min离心10min，收集上清液于分液漏斗中，用50.00mL二氯甲烷萃取两次（体积比1∶1），弃去水相。二氯甲烷相加适量无水硫酸钠除水后收集于旋转蒸发瓶中，于45℃减压蒸干，加2.00mL甲醇溶解。

2. 净化

强阳离子交换固相萃取柱（SCX）净化，用1mL水、1mL甲醇活化固相萃取柱后，试样过柱，用1mL水、1mL甲醇淋洗固相萃取柱后，再用6mL氨水-甲醇（体积比10∶90）洗脱，收集流出液于10mL比色管中，50℃氮吹至尽干，用2.00mL甲醇-水（体积比90∶10）溶解，涡旋，过0.22μm有机相针头滤膜，待测。

3. 色谱参考条件

色谱柱：Waters C18柱（5μm×3.9mm×150mm），流动相：A∶B=（40∶60，A：乙腈、B：5%乙酸溶液），柱温40℃，波长258nm，流速：1.0mL/min，进样量10.00μL。

4. 标准曲线的制作

本法采用外标法定量。将咪草烟标准系列工作液分别注入高效液相色谱仪中，测定相应的峰面积，以峰面积为纵坐标，以标准测定液为横坐标绘制标准曲线，计算直线回归方程。

5. 样品测定

试样液经高效液相色谱仪分析，测得峰面积，采用外标法通过上述标准曲线计算其浓度。

（四）测定结果

试样中咪草烟的含量按下式计算：

$$w = \frac{c \times V}{m}$$

式中：

w为试样中咪草烟的含量，单位为毫克每千克（mg/kg）；

c为根据标准曲线计算得到的试样中咪草烟的浓度，单位为微克每毫升（μg/mL）；

V为定容体积，单位为毫升（mL）；

m为试样的称样量，单位为克（g）。

计算结果保留2位有效数字。

二、牧草中除虫脲的测定

（一）原理

试样中的除虫脲经提取净化后，用具有紫外检测器的高效液相色谱仪测定，与标准溶液比较定。

（二）试剂

二氯甲烷；
石油醚：沸程 30~60℃；
提取液：二氯甲烷石油醚（3+4）；
液相色谱流动相：甲醇水（75+25）；
硅镁吸附剂型预处理小柱；
除虫脲标准溶液：准确称取 0. 010 0g 除虫脲标准品（diflubenzuron，纯度>98%）用二氯甲烷溶解并转入容量瓶中，用二氯甲烷定容，得到 100μg/mL 的标准储备液，稀释 100 倍后得到 1pg/mL 的标准使用液。

（三）仪器和设备

高效液相色谱仪：具有紫外检测器；
25mL 比色管；
K-D 浓缩器的梨形瓶；
高速分散器；
电动离心机：10 000r/min；
具磨口塞离心管；
10μL 微量注射器。

（四）分析步骤

1. 试样制备

试样的粉碎：试样经粉碎机粉碎后，过 40 目筛。

2. 试样的提取

称取 2. 5g 精确至 0. 001g 粉碎混匀的试样于 50mL 具塞离心管中，加 10mL 提取液，在高速分散器上分散 5min，加塞浸泡 30min，再分散 5min，以 2 000 r/min 离心 5min，转移上清液于 25mL 比色管；加 5mL 提取液于沉淀中，分散、离心后，上清液并入 25mL 比色管：再重复一次，上清液也并入 25mL 比色管，用提取液定容至 25mL，得到试样提取液。

3. 试样提取液的净化

先以 10mL 石油醚自然流经预处理小柱，再用 5mL 二氯甲烷淋洗小柱，弃去流出液，然后取 10mL 试样提取液，使其自然流经小柱，流出液收集在浓缩器的梨形瓶中；再用 15mL 二氯甲烷淋洗小柱，流出液并入上述梨形瓶中，于通风橱中，40℃水浴下，氮气流吹尽梨形瓶中的溶剂、加盖、置于阴凉处保存。

4. 液相色谱参考条件

不锈钢柱：200mm×4.6mm（内径）；固定相：C18（5pm）；流动相：甲醇-水（75+25），流速为1mL/ min。

5. 标准曲线绘制

取除虫脲标准使用液0μL、1μL、2μL、3μL、5μL、7μL、10μL（除虫脲含量分别为0ng、1ng、2ng、3ng、5ng、7ng、10ng），注入色谱测定，利用被测成分浓度对峰高制备标准曲线。

6. 测定

加1mL二氯甲烷于K-D浓缩器的梨形瓶中使试样残渣溶解，取10μL立即注入色谱仪测定。计算峰面积或峰高，利用标准曲线计算试样溶液中除虫脲的浓度。

（五）结果计算

试样中除虫脲的含量按下式计算：

$$w = \frac{\rho \times V_3 \times \frac{V_1}{V_2}}{m}$$

式中：

w 为植物性食品中除虫脲的含量，单位为毫克每千克（mg/kg）；

ρ 为利用标准曲线算得的试样溶液中除虫脲的浓度，单位为微克每毫升（μg/mL）；

V_1 为试样提取液的定容体积，单位为毫升（mL）

V_2 为上柱的试样提取液的体积，单位为毫升（mL）

V_3 为溶解试样所用的溶剂体积，单位为毫升（mL）；

m 为试样质量，单位为克（g）。

计算结果保留2位有效数字。

（六）精密度

在重复性条件下获得的2次独立测定结果的绝对差值不得超过算术平均值的15%。

第五章　牧草中重金属的测定

一、牧草中砷的测定

（一）原理

样品经酸消解或干灰化破坏有机物，使砷呈离子状态存在，经碘化钾、氯化亚锡将高价还原为三价砷，然后被锌粒和酸产生的新生态氢还原为砷化氢。在密闭装置中，被二乙氨基二硫代甲酸银（Ag-DDTC）的三氯甲烷溶液吸收，形成黄色或棕红色银溶胶，其颜色深浅与砷含量成正比，用分光光度计比色测定。

（二）试剂

以下试剂除特别注明外，均为分析纯，水应符合 GB/T 6682—2008 中规定的二级水要求。

硝酸：优级纯；
高氯酸：优级纯；
盐酸：优级纯；
硫酸：优级纯；
氢氧化钠：优级纯；
无砷锌粒：粒径（3.0±0.2）mm；
硫脲-抗坏血酸；
混合酸溶液：硝酸+高氯酸：9+1；
砷标准储备液：100μg/mL；
砷标准工作液：1μg/mL。

（三）仪器设备

分析天平：感量为 0.000 1g；
原子荧光光度计；

电热板；

载气：高纯氮气。

（四）试验步骤

1. 试样的制备

按 GB/T 14699.1—2005 采样，按 GB/T 20195—2006 制备试样，试样磨碎，通过 0.45mm 孔筛，混匀，装入密闭容器中，避光低温保存备用。

2. 试样的处理

称取试样 0.5~1.0g，准确到 0.000 1g，置于 100mL 高型绕杯内，加 15mL 混合酸溶液及几粒玻璃珠，盖上表面皿冷消化过夜。次日于电热板上加热，当溶液高氯酸冒烟时，再继续加热至剩余体积 2mL 左右，切不可蒸干。冷却，再加 2.5mL 盐酸，加 2mL 硫脲-抗坏血酸溶液，用水吹洗表面皿和杯壁，继续加热至高氯酸冒烟时，冷却，移入 25mL 容量瓶中，用水稀释至刻度，摇匀，待测。

同时在相同条件下，做试剂空白试验。

3. 标准曲线的制备

分别准确量取 0.0mL、0.25mL、0.50mL、1.00mL、2.00mL、3.00mL 砷标准工作液于 25mL 容量瓶中，加入 2.5mL 盐酸，加 2mL 硫脲-抗坏血酸溶液用水稀释至刻度，摇匀。

4. 仪器参考条件

光电倍增管负高压：340V；砷空心阴极灯电流，60mA；原子化温度，800℃；炉高，8mm；载气流速：500mL/min；屏蔽气流速 1 000mL/min；测量方式：标准曲线法；读数方式峰面积；延迟时间：0.5s；读数时间：15s；加液时间，8s；进样体积，2mL。

5. 测量

设定好仪器最佳条件，待炉温升至设定温度后，稳定 15~20min 开始测量。连续用标准系列的零瓶进样，待读数稳定之后，首先进行标准系列测量，绘制标准曲线。再转入试样测量，分别测量试剂空白和试样，在测量不同的试样前进样器应清洗。测其荧光强度，求出回归方程各参数或绘制出标准曲线。从标准曲线上查得溶液中砷含量，试样中砷的测定结果按下式计算。

（五）结果计算

试样中砷的含量按下式计算：

$$w = \frac{(A_1 - A_3) \times V_1}{m \times V_2}$$

式中：

w 为试样中砷的质量分数，单位为毫克每千克（mg/kg）；

V_1 为试样消解液定容总体积，单位为毫升（mL）；

V_2 为分取试液体积，单位为毫升（mL）；

A_1 为测试液中含砷量，单位为微克（μg）；

A_3 为试剂空白液中含砷量，单位为微克（μg）；

m 为试样质量，单位为克（g）。

若样品中砷含量很高，可按下式计算：

$$w = \frac{(A_2 - A_3) \times V_1 \times V_3}{m \times V_2 \times V_4}$$

式中：

w 为试样中砷的质量分数，单位为毫克每千克（mg/kg）；

V_1 为试样消解液定容总体积，单位为毫升（mL）；

V_2 为分取试液体积，单位为毫升（mL）；

V_3 为分取液再定容体积，单位为毫升（mL）

V_4 为测定时分取 V_3 的体积，单位为毫升（mL）

A_2 为测定用试液中含砷量，单位为微克（μg）；

A_3 为试剂空白液中含砷量，单位为微克（μg）；

m 为试样质量，单位为克（g）。

结果表示：每个样品应做平行样，以其算术平均值为分析结果，计算结果表示到 0.01mg/kg。当每千克试样中含砷量≥1.0mg 时，计算结果取 3 位有效数字。

二、牧草中汞的测定

（一）原理

试样经酸加热消化后，在盐酸介质中，将试样中的汞被硼氢化钾还原成原子态汞，由载气带入原子化器中进行原子化，在汞空心阴极灯照射下，基态汞原子被激发至高能态，在去活化回到基态时，发射出特征波长的荧光，其荧光强度与汞含量成正比，与标准系列比较定量。

（二）试剂

以下试剂除特别注明外，均为分析纯，水应符合 GB/T 6682—2008 中规定的二级水要求。

硝酸：优级纯；

高氯酸：优级纯；

盐酸：优级纯；

硫酸：优级纯；

氢氧化钾：优级纯，5g/L；

硼氢化钾：优级纯，5g/L；

混合酸溶液：硝酸+高氯酸为 9+1；

汞标准储备液：1 000μg/mL；

汞标准工作液：100ng/mL。

（三）仪器设备

分析天平：感量为 0.000 1g；

原子荧光光度计；

电热板；

载气：高纯氮气。

（四）试样的制备

按 GB/T 14699.1—2005 采样，按 GB/T 20195—2006 制备试样，试样磨碎，通过 0.45mm 孔筛，混匀，装入密闭容器中，避光低温保存备用。

（五）分析步骤

1. 试样的处理

称取试样 0.5~1.0g，准确到 0.000 1g，置于 100mL 高型绕杯内，加 15mL 混合酸溶液及几粒玻璃珠，盖上表面皿冷消化过夜。次日于电热板上加热（120℃），当溶液高氯酸冒烟时，再继续加热至剩余体积为 2mL 左右，切不可蒸干。冷却，加入 2.5mL 硝酸，用水吹洗表面皿和杯壁，继续加热至高氯酸冒烟时，冷却，移入 25mL 容量瓶中，用水稀释至刻度，摇匀，待测。

同时在相同条件下，做试剂空白试验。

2. 标准曲线的制备

分别准确量取 0.50mL、1.00mL、2.00mL、4.00mL、5.00mL 汞标准工作液于 25mL 容量瓶中，加入 2.5mL 硝酸，用水稀释至刻度，摇匀。

3. 仪器参考条件

光电倍增管负高压：340V；汞空心阴极灯电流，60mA；原子化温度，

800℃；炉高，8mm；载气流速：500mL/min；屏蔽气流速 1 000mL/min；测量方式：标准曲线法；读数方式峰面积；延迟时间：0.5s；读数时间：15s；加液时间，8s；进样体积，2mL。

4. 测量

设定好仪器最佳条件，待炉温升至设定温度后，稳定 15~20min 开始测量。连续用标准系列的零瓶进样，待读数稳定之后，首先进行标准系列测量，绘制标准曲线。再转入试样测量，分别测量试剂空白和试样，在测量不同的试样前进样器应清洗。测其荧光强度，求出回归方程各参数或绘制出标准曲线。从标准曲线上查得溶液中汞含量，试样中汞的测定结果按下式计算。

（六）结果计算

试样中汞的含量按下式计算：

$$\omega = \frac{(c - c_0) \times V}{m \times 1\ 000}$$

式中：

ω 为试样中汞的含量，单位为毫克每千克（mg/kg）；

c 为试样消化液中汞的含量，单位为纳克每毫升（ng/mL）；

c_0 为试剂空白液中汞的含量，单位为纳克每毫升（ng/mL）；

V 为试样消化液总体积，单位为毫升（mL）；

m 为试样质量，单位为克（g）。

每个样品应做平行样，以其算术平均值为分析结果，计算结果表示到 0.001mg/kg。

（七）重复性

同一分析者对同一试样连续 2 次平行测定的结果之间的差值：

当汞的含量小于或等于 0.020mg/kg 时，不得超过平均值的 100%；

当汞的含量大于 0.020mg/kg 而小于 0.100mg/kg 时，不得超过平均值的 50%；

当汞的含量大于 0.100mg/kg 时，不得超过平均值的 20%。

三、牧草中铬的测定

（一）原理

样品经过酸溶解后，注入原子吸收光谱检测器中，在一定的浓度范围内，其吸收值与铬含量成正比，与标准系列比较定量。

（二）试剂和溶液

硝酸：优级纯；

硝酸溶液：V（硝酸）+V（水）= 2mL+98mL；

铬标准中间液（10.0μg/mL）：准确量取 1.00mL 铬标准储备液（1 000 μg/mL）于 100mL 容量瓶中，加硝酸溶液稀释至刻度，摇匀。

（三）仪器和设备

分析天平：感量为 0.000 1g；

可调式电热板；

火焰原子吸收光谱仪。

（四）试验步骤

1. 试样溶液的制备

称取 1g 牧草（精确至 0.000 1g）于 150mL 锥形瓶中，加水润湿样品，加入 20mL 硝酸，放置在通风橱里静置 2h 后，加入 3mL 高氯酸，在温度调为 120℃ 的可调式电热板上小火加热消化 1h，再将温度调至 160℃ 待消化液冒白烟且溶液呈无色透明为止，取下。冷却后，用水转移至 50mL 容量瓶中，加少许水多次冲洗坩埚，洗液并入容量瓶中，用 2%硝酸溶液稀释至刻度线，摇匀，用无灰滤纸过滤，待用。同时做空白实验。

2. 标准曲线绘制

准确吸取 0.00mL、0.25mL、0.50mL、1.00mL、2.00mL、3.00mL 铬标准工作液，分别置于 50mL 容量瓶中，用 2%硝酸溶液稀释至刻度，混匀，制成标准工作液，浓度分别为 0.00μg/mL、0.05μg/mL、0.10μg/mL、0.20μg/mL、0.40μg/mL、0.60μg/mL。

3. 试样测定

将铬标准工作液、试剂空白液和试样溶液分别调至最佳条件的原子化器中进行测定，测得其吸光值，代入标准系列的一元线性回归方程中求得试样溶液中的铬含量。

（五）结果计算

牧草中铬的含量按下式计算：

$$w=\frac{(A_1-A_2)\times V}{m}$$

式中：

w 为试样中铬的质量分数，单位为毫克每千克（mg/kg）；

A_1 为测定用试样溶液中铬的含量，单位为微克每毫升（μg/mL）；

A_2 为试剂空白液中铬的含量，单位为微克每毫升（μg/mL）；

V 为试样溶液的总体积，单位为毫升（mL）；

m 为试样质量，单位为克（g）。

计算结果为同一式样 2 个平行样的算术平均值，精确到小数点后 2 位。

四、牧草中铅、镉的测定

（一）原理

牧草试样经过干灰化，酸溶或湿消化后，使铅、镉溶解出来，用原子吸收光谱仪在 283. 3nm 及 228. 8nm 处测定其吸光值，在一定的浓度范围内，试液中铅、镉的含量与其吸光值成正比，以此用标准曲线法进行定量分析。

（二）试剂及配制

硝酸：优级纯；

高氯酸：优级纯；

盐酸溶液（0. 6mol/L）：量取 5mL 盐酸，用水稀释至 100mL，混匀；

盐酸溶液（6mol/L）：量取 50mL 盐酸，用水稀释至 100mL，混匀；

硝酸溶液（6mol/L）：量取 43mL 硝酸，用水稀释至 100mL，混匀；

铅标准中间液（10mg/L）：准确吸取 1. 00mL 铅标准储备液（1 000μg/mL）于 100mL 容量瓶中，用 2% 硝酸稀释至刻度，摇匀；

铅标准工作液（100μg/L）：准确吸取 1. 00mL 铅标准中间液于 100mL 容量瓶中，用 2% 硝酸稀释至刻度，摇匀；

镉标准中间液（10mg/L）：准确吸取 1. 00mL 镉标准储备液（1 000μg/mL）于 100mL 容量瓶中，用 2%硝酸稀释至刻度，摇匀；

镉标准工作液（100μg/L）：准确吸取 1. 00mL 镉标准中间液于 100mL 容量瓶中，用 2%硝酸稀释至刻度，摇匀。

（三）仪器设备

原子吸收分光光度计：附石墨炉；

分析天平：感量为 0.000 1g；

马弗炉：（550±15）℃；

无灰滤纸；

瓷坩埚：内层光滑没有被腐蚀，使用前用盐酸溶液浸泡过夜，用水冲洗干净；

可调式电热板或可调式电炉；

平底柱型聚四氟坩埚；

玻璃器皿：在使用前用盐酸溶液浸泡过夜，用水冲洗干净。

（四）试验步骤

1. 试样处理

（1）干灰化法。平行称取 2 份牧草试样。称取 5g（精确到 0.000 1g）于瓷坩埚中，在 100~300℃可调式电热炉上缓慢加热使试样炭化至无烟产生，将坩埚移入 550℃的马弗炉中灰化 2~4h，冷却后用 2mL 水将炭化物润湿，如果仍有少量炭粒，可滴入硝酸溶液使残渣润湿，将坩埚移至可调式电热板或可调式电炉上小火干燥，再移至马弗炉中灰化 2h，沿坩埚壁加 2mL 水。

吸取 5mL 盐酸溶液，逐滴加入坩埚中，边加边转动坩埚，直到溶液无气泡溢出，然后将剩余盐酸溶液全部加入，再加 5mL 硝酸溶液，转动坩埚并用可调式电热板或可调式电炉小火加热直到消化液至 2~3mL，取下。冷却后，用水将消化液转移至 50mL 容量瓶中，加少许水多次冲洗坩埚，冲洗液并入容量瓶中，用水稀释至刻度，摇匀，用无灰滤纸过滤，待测。同时做空白实验。

（2）高氯酸消化法。平行做两份试验。称取 1g 试样（精确至 0.000 1g）于 150mL 锥形瓶中，加水润湿样品，加入 20mL 硝酸，放置在通风橱里静置 2h 后，加入 3mL 高氯酸，在温度调为 120℃的可调式电热板上小火加热消化 1h，再将温度调至 160℃待消化液冒白烟为止，取下。冷却后，用水转移至 50.0mL 容量瓶中，加少许水多次冲洗坩埚，洗液并入容量瓶中，用水稀释至刻度线，摇匀，用无灰滤纸过滤，待用。同时做空白实验。

（3）盐酸溶解法。平行做两份试验。称取 1~5g 试样于瓷坩埚中，加 2mL 水将试样润湿，吸取 5mL 盐酸溶液，逐滴加入坩埚中，边加边转动坩埚，直到溶液无气泡逸出，然后将剩余盐酸全部加入，再加入 5mL 硝酸溶液，将坩埚移至可调式电炉小火加热消化，直到消化液至 2~3mL，取下，冷却后，用水转移至 50mL 容量瓶中，加少许水多次冲洗坩埚，洗液并入容量瓶中，用水稀释至刻度，摇匀，用无灰滤纸过滤，待用。同时做空白实验。

2. 标准曲线绘制

将仪器设置为扣背景模式，分别吸取一定体积的铅工作液于 25mL 容量瓶中，配制成浓度分别为 0. 0μg/L、4. 0μg/L、8. 0μg/L、12. 0μg/L、16. 0μg/L、20. 0μg/L 铅标准曲线，在 283. 3nm 处测定吸光度值，以吸光值为纵坐标，浓度为纵坐标，测定标准曲线；分别吸取一定体积的镉工作液于 50mL 容量瓶中，配制成浓度分别为 0. 0μg/L、0. 4μg/L、0. 8μg/L、1. 2μg/L、1. 6μg/L、2. 0μg/L 铅标准曲线，在 228. 8nm 处测定吸光度值，以吸光值为纵坐标，浓度为纵坐标，测定标准曲线。

3. 测定

在相同试验条件下，测定试剂空白的试样溶液的吸光度值，并与标准曲线进行比较定量。

试样中铅、镉的含量按下式计算：

$$\omega=\frac{(\rho_1-\rho_2)\times V}{m\times 1\ 000}$$

式中：

ω 为试样中铅、镉的质量分数，单位为毫克每千克（mg/kg）；

ρ_1 为试样溶液中铅、镉的质量浓度，单位为微克每毫升（μg/mL）；

ρ_2 为试样溶液中铅、镉的质量浓度，单位为微克每毫升（μg/mL）；

V 为试样溶液总体积，单位为毫升（mL）；

m 为试样质量，单位为克（g）。

以 2 个平行样品测定结果的算术平均值报告结果，计算结果应表示至小数点后 2 位。

第六章　牧草中维生素的测定

一、牧草中维生素 A 的测定

（一）原理

碱溶液皂化试样后，用乙醚将维生素 A 提取出来，蒸除溶剂，残渣溶于适当溶剂，注入高效液相色谱仪分离，在波长 326nm 条件下测定，外标法计算维生素 A 含量。

（二）试剂和溶液

无水乙醚（不含过氧化物）：过氧化物检查方法是用 5mL 乙醚加 1mL 碘化钾溶液，振摇 1min，如有过氧化物则放出游离碘，水层呈黄色，或加淀粉指示液，水层呈蓝色。该乙醚需处理后使用；去除过氧化物的方法为乙醚用硫代硫酸钠溶液振摇，静置，分取乙醚层，再用水振摇洗涤 2 次，重蒸，弃去首尾 5%部分，收集馏出的乙醚，再检查过氧化物，应符合规定；

无水乙醇；

正己烷：色谱纯；

异丙醇：色谱纯；

甲醇：色谱纯；

2,6-二叔丁基对甲酚（BHT）；

无水硫酸钠；

氮气（纯度 99.9%）；

碘化钾溶液：100g/L；

淀粉指示液：5g/L（临用现配）；

硫代硫酸钠溶液：50g/L；

氢氧化钾溶液：500g/L；

L-抗坏血酸乙醇溶液：5g/L。取 0.5gL 抗坏血酸结晶纯品溶解于 4mL 温热的水中，用无水乙醇稀释至100mL，临用前配制；

酚酞指示剂：10g/L；

维生素A乙酸酯标准品：维生素A乙酸酯含量≥99.0%；

维生素A标准储备液：称取维生素A乙酸酯标准品34.4mg（精确至0.000 01g）于皂化瓶中，按分析步骤皂化和提取，将乙醚提取液全部浓缩蒸发至干，用正己烷溶解残渣置入100mL棕色容量瓶中并稀释至刻度，混匀，4℃保存。该储备液浓度为344μg/mL（1 000IU/mL），临用前用紫外分光光度计标定其准确浓度；

维生素A标准工作液：准确吸取1.00mL维生素A标准储备液，用正己烷稀释100倍；若用反相色谱测定，将1.00mL维生素A标准储备液置入100mL棕色容量瓶中，用氮气吹干，用甲醇稀释至刻度，混匀，配制工作液浓度为3.44μg/mL（1 000IU/mL）。

（三）仪器和设备

分析天平：感量0.001g；

分析天平：感量0.000 1g；

分析天平：感量0.000 01g；

圆底烧瓶：带回流冷凝器；

恒温水浴或电热套；

旋转蒸发仪；

超纯水仪；

高效液相色谱仪，带紫外可调波长检测器（或二极管矩阵检测器）。

（四）分析步骤

1. 试样溶液的制备

（1）皂化。称取试样配合饲料或浓缩饲料10g，精确至0.001g，置250mL圆底烧瓶中，加50mL抗坏血酸乙醇溶液，使试样完全分散浸湿，加10mL氢氧化钾溶液混匀。置于沸水浴上冷凝回流30min，不时振荡防止试样黏附在瓶壁上，皂化结束，分别用5mL无水乙醇、5mL水自冷凝管顶端冲洗其内部，取出烧瓶冷却至40℃。

（2）提取。定量转移全部皂化液于盛有100mL无水乙醚的500mL分液漏斗中，用30~50mL水分2~3次冲洗圆底烧瓶并入分液漏斗，加盖、放气、随后混合，激烈振荡2min，静置、分层。转移水相于第二个分液漏斗中，分次用100mL、60mL乙醚重复提取2次，弃去水相，合并3次乙醚相。用水每次

100mL 洗涤乙醚提取液至中性，初次水洗时轻轻旋摇，防止乳化。乙醚提取液通过无水硫酸钠脱水，转移到 250mL 棕色容量瓶中，加 100mg BHT 使之溶解，用乙醚定容至刻度以上操作均在避光通过橱内进行。

（3）浓缩。从乙醚提取液（V_1）中分取一定体积（V_2）（依据样品标示量、称样量和提取液量确定分取量）置于旋转蒸发器烧瓶中，在水浴温度约 50℃，部分真空条件下蒸发至干或用氮气吹干，残渣用正己烷溶解（反相色谱用甲醇溶解），并稀释至 10mL（V）使其维生素 A 最后浓度为每毫升 5～10IU，离心或通过 0.45μm 过滤膜过滤，用于高效液相色谱仪分析。以上操作均在避光通风橱内进行。

2. 测定

（1）色谱条件。

①正相色谱：色谱柱，硅胶 S60，长 125mm，内径 4mm，粒度 5μm（或性能类似的分析柱）；流动相：正己烷十异丙醇（98+2）；流速：1.0mL/min；温度：室温；进样量：20μL；检测波长：326mm。

②反相色谱：色谱柱，C-18 型柱，长 125mm，内径 4.6mm，粒度 5μm（或性能类似的分析柱）；流动相：甲醇+水（95+5）；流速：1.0mL/min；温度：室温；进样量：20μL；检测波长：326nm。

（2）定量测定。按高效液相色谱仪说明书调整仪器操作参数，向色谱柱注入相应的维生素 A 标准工作液和试样溶液，得到色谱峰面积响应值，用外标法定量测定。

（五）结果计算

试样中维生素 A 的含量按下式计算：

$$w = \frac{P_1 \times V_1 \times V_3 \times \rho}{P_2 \times m \times V_1 \times \varphi} \times 1\,000$$

式中：

w 为试样中维生素 A 的质量分数，单位为国际单位每千克（IU/kg）或毫克每千克（mg/kg）；

P_1 为试样溶液峰面积值；

V_1 为提取液的总体积，单位为毫升（mL）；

V_3 为试样溶液最终体积，单位为毫升（mL）；

ρ 为维生素 A 标准工作液浓度，单位为微克每毫升（μg/mL）；

P_2 为维生素 A 标准工作液峰面积值；

m_1 为试样质量，单位为克（g）；

V_2 为从提取液（V_1）中分取的溶液体积，单位为毫升（mL）；

φ 为转换系数，1 国际单位（IU）相当于 0.344pg 维生素 A 乙酸酯，或 0.300g 视黄醇活性。

平行测定结果用算术平均值表示，计算结果保留 3 位有效数字。

二、牧草中维生素 B_1 的测定

（一）原理

试样经酸性提取液超声提取后，将过滤离心后的试液注入高效液相色谱仪反相色谱系统中进行分离，用紫外（或二极管矩阵检测器）检测，外标法计算维生素 B_1 的含量。

（二）试剂和溶液

除特殊说明外，所用试剂均为分析纯，色谱用水为一级用水。

氯化铵：优级纯；

庚烷磺酸钠（$PICB_7$）：优级纯；

冰乙酸：优级纯；

三乙胺：色谱纯；

甲醇：色谱纯；

酸性乙醇溶液：20%；

二水合乙二胺四乙酸二钠（EDTA）：优级纯；

维生素提取液：称取 50mg EDTA 于 1 000mL 容量瓶中，加入约 1 000mL 去离子水，同时加入 25mL 冰乙酸，约 10mL 三乙胺，超声使固体溶解，调节溶液 pH 值至 3~4，过 0.45μm 滤膜，取 800mL 该溶液，与 200mL 甲醇混合即得；

流动相：称取庚烷磺酸钠 1.1g、50mg EDTA 于 1 000mL 容量瓶中，加入约 1 000mL 水，同时加入 25mL 冰乙酸，约 10mL 三乙胺，超声使固体溶解，调节溶液 pH 值为 3.7，过 0.45μm 滤膜，取 800mL 该溶液，与 200mL 甲醇混合即得；

维生素 B_1 标准溶液；

维生素 B_1 标准储备液；

维生素 B_1 标准工作液 A：准确吸取 1mL 维生素 B_1 标准储备液于 50mL 棕色容量瓶中，用流动相定容至刻度，该标准工作液浓度为 20μg/mL，该溶液存于 2~8℃冰箱可以使用 48h；

维生素 B_1 标准工作液 B：准确吸取 5mL 维生素 B_1 标准工作液 A 于 50mL 棕色容量瓶中，用流动相定容至刻度，该标准工作液浓度 20μg/mL，该溶液使用前稀释制备。

（三）仪器设备

实验室常用玻璃器皿；

pH 计（带温控，精准至 0.01）；

超声波提取器；

针头过滤器备 0.45μm（或 0.22μm）滤膜；

高效液相色谱仪带紫外或二极管矩阵检测器。

（四）实验步骤

1. 提取

称取试样约 3.0g（精确到 0.001g），置于 100mL 棕色容量瓶中，加入提取液约 70mL，边加边摇匀后置于超声水浴中超声提取 30min，其间摇动 2 次，冷却，用提取液定容至刻度，摇匀。取少量溶液于离心机上 8 000r/min 离心 5min，上清液过 0.45μm 微孔滤膜，上 HPIC 测定。

2. 参考色谱条件

色谱柱：C18 柱，长 250mm，内径 4.6mm，粒度 5μm（或相当性能类似的分析柱）；流动相：维生素 B_1 标准溶液；流速：1.0mL/min；温度：25~28℃：检测波长：242nm；进样量：20μL。

3. 定量测定

平衡色谱柱后，依分析物浓度向色谱柱注入相应的维生素 B_1 标准工作液 A 或者维生素 B_1 标准工作液 B 和试样溶液，得到色谱峰面积响应值，用外标法定量测定。

（五）结果计算

本方法测定的维生素 B_1 以硝酸硫胺素计，如需要以盐酸硫胺素计，按 1mg 盐酸硫胺素含 1.03mg 硝酸硫胺素换算。

试样中维生素 B_1 的含量按下式计算：

$$w = \frac{P_1 \times V \times \rho}{P_2 \times m}$$

式中：

w 为维生素 B_1 质量分数，单位为毫克每千克（mg/kg）；

m 为试样质量，单位为克（g）；

V 为稀释体积，单位为毫升（mL）；

ρ 为维生素 B_1 标准工作液浓度，单位为微克每毫升（μg/mL）；

P_1 为试样溶液峰面积值；

P_2 为维生素 B_1 标准工作液峰面积值；

测定结果用平行测定的算术平均值表示，计算结果保留 3 位有效数字。

三、牧草中维生素 B_2 的测定

（一）原理

试样中维生素 B_2 经酸性提取液在 80~100℃ 水浴煮沸提取后，经过滤离心后的试样溶液注入高效液相色谱仪反相色谱系统中进行分离，用紫外（或二极管矩阵检测器）检测，外标法计算维生素 B_2 的含量。

（二）试剂和溶液

除特殊说明外，所用试剂均为分析纯，水为蒸馏水，色谱用水为一级水。

乙二胺四乙酸二钠（EDTA）；

庚烷磺酸钠（PCB2）：优级纯；

冰乙酸：优级纯；

三乙胺：色谱纯；

甲醇：色谱纯；

提取液：在已装入约 700mL 一级水的 1 000mL 容量瓶中，加入 50 mg EDTA 待全部溶解后，加入 25mL 冰乙酸、5mL 三乙胺，用一级水定容至刻度摇匀。

流动相：在已装入约 700mL 去离子水的 1 000mL 容量瓶中，称入 50mg（精确至 0.001g）EDTA、1.1g（精确至 0.001g）庚烷磺酸钠，待全部溶解后加入 25mL 冰乙酸、5mL 三乙胺，用去离子水定容至刻度摇匀，用冰乙酸、三乙胺调节该溶液 pH 值至 3.40±0.02，过 0.45μm 滤膜。取该溶液 860mL 与 140mL 甲醇混合，超声脱气，待用。

维生素 B_2 标准溶液：维生素 B_2 标准储备液，准确称取维生素 B_2 0.01g 于 200mL 棕色容量瓶中，加 1mL 冰乙酸在沸水浴 80~100℃ 煮沸 30min，待冷至室温后，用去离子水定容至刻度。此溶液浓度为 50μg/mL，冰箱 4℃ 避光保存，保存期 6 个月；维生素 B_2 标准工作液，准确吸取 5.0mL 维生素 B 标准储备液于

50mL 棕色容量瓶中，用流动相定容至刻度。该标准工作液浓度为 5μg/mL，待上机。

（三）仪器设备

实验室常用玻璃器皿；

pH 计（带温控，精确至 0.01）；

恒温水浴，0~100℃；

针头过滤器，备 0.45μm（或 0.22μm）滤膜；

高效液相色谱仪，带紫外或二极管阵列检测器。

（四）实验步骤

1. 试样溶液的制备

称取试样 1g 于 100mL 棕色容量瓶中，加入 2/3 体积的提取液，于 80~100℃水浴煮沸 30min，待冷却后加入 14mL 甲醇，用提取液定容至刻度，混匀、过滤。取部分过滤液过 0.45μm（或 0.22μm）滤膜，待上机。

2. 测定

色谱柱：C18 柱，粒度 4μm，长 150mm，内径 3.9mm，不锈钢柱；

流速：0.8mL/min；

温度：25~28℃；

进样体积：10μL；

检测器：紫外或二极管阵列检测器；

波长：280nm。

（五）结果计算

试样中维生素 B_2 的含量按下式计算：

$$w = \frac{P_1 \times V \times c \times V_2}{P_2 \times m \times V_1}$$

式中：

w 为试样中维生素 B_2 的含量，单位为毫克每千克（mg/kg）；

m 为试样质量，单位为克（g）；

V_1 为试样溶液进样体积，单位为微升（μL）

P_1 为试样溶液峰面积值；

c 为标准溶液浓度，单位为微克每毫升（μg/mL）；

V_2 为标准溶液进样体积，单位为微升（μL）；

P_2 为标准溶液峰面积平均值。

平行测定结果用算术平均值表示，计算结果保留有效数字 3 位。

四、牧草中维生素 B_6 的测定

（一）原理

试样中维生素 B_6 经酸性提取液超声提取后，注入高效液相色谱仪反相色谱系统中进行分离，用紫外检测器（二极管矩阵检测器）或者荧光检测器检测，外标法计算维生素 B_6 的含量。

（二）试剂或溶液

除特殊说明外，所用试剂均为分析纯，水为蒸馏水，色谱用水为一级水。

二水合乙二胺四乙酸二钠（EDTA）：优级纯；

庚烷磺酸钠（$PICB_7$）：优级纯；

冰乙酸：优级纯；

三乙胺：优级纯；

甲醇：色谱纯；

盐酸溶液：取 8.5mL 盐酸，用水定容至 1 000mL；

磷酸二氢钠溶液：3.9g 磷酸二氢钠溶于 1 000mL 超纯水中，过 0.45μm 水系滤膜；

提取剂：在 1 000mL 容量瓶中，称 50mg（精确至 0.001g）EDTA、依次加入 700mL 去离子水，超声使 EDTA 完全溶解，加入 25mL 冰乙酸、5mL 三乙胺，用去离子水定容至刻度，摇匀，取该溶液 800mL 与 200mL 甲醇混合，超声脱气，待用；

流动相：在 1 000mL 容量瓶中，称 50mg（精确至 0.001g）EDTA、1.1g（精确至 0.001g）庚烷磺酸钠，依次加入 700mL 去离子水，25mL 冰乙酸、5mL 三乙胺，用去离子水定容至刻度，摇匀。用冰乙酸、三乙胺调节该溶液 pH 值至 3.70±0.10，过 0.45μm 滤膜，取该溶液 800mL 与 200mL 甲醇混合，超声脱气，备用；

维生素 B_6 标准溶液：

①维生素 B_6 标准储备液：准确称取维生素 B_6（维生素 B_6 纯度大于 98%）0.05g（精确至 0.001g）于 100mL 棕色容量瓶中，加盐酸溶液约 70mL，

超声 5min，待全部溶解后，用盐酸溶液定容至刻度。此溶液中维生素 B_6 浓度为 500μg/mL，2~8℃冰箱避光保存，可使用 3 个月；

②维生素 B_6 标准工作液 A：准确吸取 2.00mL 维生素 B_6 标准储备液于 50mL 棕色容量瓶中，用磷酸二氢钠溶液定容至刻度，该标准工作液中维生素 B_6 浓度为 20μg/mL，2~8℃冰箱避光保存，可使用一周。

③维生素 B_6 标准工作液 B：准确吸取 5mL 维生素 B_6 标准工作液 A 于 50mL 棕色容量瓶中，用磷酸二氢钠溶液定容至刻度。该标准工作液中维生素 B_6 浓度为 2.0μg/mL，上机测定前制备，可使用 48h。

（三）仪器设备

高效液相色谱仪：配紫外检测器（二极管矩阵检测器）或荧光检测器；

pH 计（带温控，精度为 0.01）；

超声波提取器；

针头过滤器：备 0.45μm 水系滤膜。

（四）实验步骤

1. 试样溶液的制备

称取试样 2g（精确至 0.000 1g）于 100mL 棕色容量瓶中，加入 70mL 磷酸二氢钠溶液在超声波提取器中提取 20min（中间旋摇一次以防样品附着于瓶底），待温度降低至室温后，用提取剂定容至刻度，过滤（若滤液浑浊，则需 5 000r/min 离心 5min），溶液过 0.45μm 滤膜，其中维生素 B_6 浓度为 2.0~100μg/mL，待上机。

2. 测定

高效液相色谱参考条件具体如下。

色谱柱：C18，长 250mm，内径 4.6mm，粒度 5μm，或性能相当的 C18 柱；

流速：1.0mL/min；

柱温：25~28℃；

进样体积：10μL；

检测器：紫外或二极管矩阵检测器，检测波长 290nm。

（五）结果计算

试样中维生素 B_6（盐酸吡多醇）的含量按下式计算：

$$w = \frac{A_1 \times V \times c \times V_2}{A_2 \times m \times V_1}$$

式中：

w 为试样中维生素 B_6 的质量分数，单位为毫克每千克（mg/kg）；

A_1 为试样溶液峰面积值；

V 为试样稀释体积，单位为毫升（mL）；

c 为标准溶液浓度，单位为微克每毫升（μg/mL）；

V_1 为试样溶液进样体积，单位为微升（μL）；

V_2 为标准溶液进样体积，单位为微升（μL）；

A_2 为标准溶液峰面积平均值；

m 为试样质量，单位为克（g）。

测定结果用平行测定的算术平均值表示，计算结果保留 3 位有效数字。

（六）精密度

对于维生素 B_6 含量大于或者等于500mg/kg 的饲料，在重复性条件下，获得的 2 次独立测定结果与其算术平均值的差值不大于这 2 个测定值算术平均值的 5%。

对于维生素 B_6 含量小于500mg/kg 的饲料，在重复性条件下，获得的 2 次独立测定结果与其算术均值的差值不大于这 2 个测定值算术平均值的 10%。

五、牧草中维生素 B_{12} 的测定

（一）原理

试样中维生素 B_2 用水提取，经 SPE 净化富集后，采用高效液相色谱仪分离检测，外标法定量。

（二）试剂和溶液

除特殊注明外，本方法所用试剂均为分析纯，色谱用水应为一级水的要求。

乙腈：色谱纯；

甲醇：色谱纯；

氮气（纯度 99.9%）；

乙酸：优级纯；

己烷磺酸钠：色谱级；

维生素 B_{12} 标准品：维生素 B_{12} 含量≥96.0%；

①维生素 B_{12}标准储备溶液：准确称取 0.1g（精确到 0.000 1g）维生素 B_{12}标准品，置于 100mL 棕色容量瓶中，加适量的甲醇使其溶解，并稀释定容至刻度，摇匀。该标准储备液维生素 B_{12}含量为 1mg/mL。-18℃保存，有效期一年；

②维生素 B_{12}标准工作液：准确吸取 1mL 维生素 B_{12}标准储备溶液于 100mL 棕色容量瓶中用水定容稀释至刻度，摇匀。

维生素 B_{12}标准工作液的浓度按下述方法测定和计算：

以水为空白溶液，用紫外分光光度计测定维生素 B_{12}标准工作液在 361nm 处的吸光值。维生素 B_{12}标准工作液的浓度按下式计算：

$$w = \frac{A \times 10\,000}{207}$$

式中：

w 为维生素 B_{12}标准工作液的浓度，单位为微克每毫升（μg/mL）；

A 为维生素 B_{12}标准工作液在 361nm 波长处测得的吸光值；

10 000 为维生素 B_{12}标准工作液浓度单位换算系数；

207 为维生素 B_{12}标准百分系数（$E_{1cm}^{1\%}=207$）；

己烷磺酸钠溶液：称取 1.1g 己烷磺酸钠溶于 1 000mL 水中，加入 10mL 乙酸，超声混匀；

1%磷酸溶液：取 1mL 磷酸加入 1 000mL 水中，超声脱气。

（三）仪器和设备

实验室常用仪器、设备；

电子天平：感量 0.000 1g，感量 0.001g；

离心机：达 5 000r/min（相对离心力为 2 988×g）；

超声波水浴；

固相萃取装置；

高效液相谱仪：配紫外可调波长检测器或二极管阵列检测器；

氮吹装置；

紫外分光光度计；

C18 固相萃取小柱：500mg/5mL 或相当性能的固相萃取小柱。

（四）试验步骤

1. 提取

（1）维生素的提取。称取试样 2～3g（精确到 0.001g），置于 50mL 离心管中，准确加入水 20mL，充分摇动 30s，再置于超声水浴中超声提取 30min，其间摇动2次。于离心机上5 000r/min离心5min，取上清液，进行样品净化。

（2）试样净化。固相萃取小柱分别用5mL甲醇和5mL水活化，准确移取10mL上清液过柱，用5mL水淋洗，近干后，用5mL甲醇洗脱，收集洗脱液。50℃氮气吹至近干，准确加入1mL水溶解，过0.45μm微孔滤膜，上HPLC测定。若测得上机试样溶液中维生素B_{12}浓度超出线性范围，应根据检测结果，用定体积的水稀释，使稀群后维生素B_{12}的含量在1~100μg/mL，重新测定。

2. 测定

参考色谱条件具体如下：

色谱柱：C18色谱柱，长150mm，内径5mm；

流动相：甲醇+乙烷磺胺钠溶液（25+75）；

流速：1.0mL/min；

温度：室温；

检测波长：546nm。

（五）结果计算

试样中维生素B_{12}的含量按下式计算：

$$w = \frac{P_1 \times V \times c}{P_2 \times m}$$

式中：

w为试样中维生素B_{12}的质量分数，单位为毫克每千克（mg/kg）；

P_1为试样溶液峰面积值；

V为稀释体积，单位为毫升（mL）；

c为维生素B_{12}标准工作液浓度，单位为微克每毫升（μg/mL）；

P_2为维生素B_{12}标准工作液峰面积值；

m为试样质量，单位为克（g）。

测定结果用平行测定的算术平均值表示，计算结果保留3位有效数字。

六、牧草中维生素C的测定

（一）原理

试样中的抗坏血酸用偏磷酸溶解超声提取后，以离子对试剂为流动相，经反相色谱柱分离，其中L(+)-抗坏血酸和D(-)-抗坏血酸直接用配有紫外检测器的液相色谱仪（波长 245nm）测定；试样中的 L（+）-脱氢抗坏血酸经 L-半胱氨酸溶液进行还原后，用紫外检测器（波长 245nm）测定 L（+）-抗坏血酸总量，或减去原样品中测得的 L（+）-抗坏血酸含量而获得 L（+）-脱氢抗坏血酸的含量。以色谱峰的保留时间定性，外标法定量。

（二）试剂和材料

除非另有说明，本方法所用试剂均为分析纯，水为一级水。

1. 试剂

偏磷酸 $(HPO_3)_n$：含量（以 HPO_3 计）≥38%；

磷酸三钠（$Na_3PO_4 \cdot 12H_2O$）；

磷酸二氢钾（KH_2PO_4）；

磷酸（H_3PO_4）：85%；

L-半胱氨酸（$C_3H_7NO_2S$）：优级纯；

十六烷基三甲基溴化铵（$C_{19}H_{42}BrN$）：色谱纯；

甲醇（CH_3OH）：色谱纯。

2. 试剂配制

偏磷酸溶液（200g/L）：称取 200g（精确至 0.1g）偏磷酸，溶于水并稀释至 1L，此溶液保存于 4℃的环境下可保存 1 个月；

偏磷酸溶液（20g/L）：量取 50mL 200g/L 偏磷酸溶液，用水稀释至 500mL；

磷酸三钠溶液（100g/L）：称取 100g（精确至 0.1g）磷酸三钠，溶于水并稀释至 1L；

L-半胱氨酸溶液（40g/L）：称取 4g L-半胱氨酸，溶于水并稀释至 100mL，临用时配制。

3. 标准品

L(+)-抗坏血酸标准品（$C_6H_8O_6$）：纯度≥99%；

D(-)-抗坏血酸（异抗坏血酸）标准品（$C_6H_8O_6$）：纯度≥99%。

4. 标准溶液配制

L(+)-抗坏血酸标准储备溶液（1.000mg/mL）：准确称取 L(+)-抗坏血酸标准品 0.01g（精确至 0.01mg），用 20g/L 的偏磷酸溶液定容至 10mL。该储备液在 2~8℃避光条件下可保存 1 周。

D(-)-抗坏血酸标准储备溶液（1.000mg/mL）：准确称取 D(-)-抗坏血酸标准品 0.01g（精确至 0.01mg），用 20g/L 的偏磷酸溶液定容至 10mL。该储备液在 2~8℃避光条件下可保存 1 周。

抗坏血酸混合标准系列工作液：分别吸取 L(+)-抗坏血酸和 D(-)-抗坏血

酸标准储备液 0mL、0.05mL、0.50mL、1.0mL、2.5mL、5.0mL，用 20g/L 的偏磷酸溶液定容至 100mL，标准系列工作液中 L(+)-抗坏血酸和 D(-)-抗坏血酸的浓度分别为 0μg/mL、0.5μg /mL、5.0μg /mL、10.0μg /mL、25.0μg /mL、50.0μg /mL。临用时配制。

（三）仪器和设备

液相色谱仪：配有二极管阵列检测器或紫外检测器；
pH 计：精度为 0.01；
天平：感量为 0.1g、1mg、0.01mg；
超声波清洗器；
离心机：转速≥4 000r/min；
均质机；
滤膜：0.45μm 水相膜；
振荡器。

（四）实验步骤

整个检测过程尽可能在避光条件下进行。

1. 试样制备

液体或固体粉末样品：混合均匀后，应立即用于检测。取 100g 左右样品加入等质量 20g/L 的偏磷酸溶液，经均质机均质并混合均匀后，应立即测定。

2. 试样溶液的制备

称取相对于样品约 0.5~2g（精确至 0.001g）混合均匀的固体试样或匀浆试样，或吸取 2~10mL 液体试样［使所取试样含 L(+)-抗坏血酸约 0.03~6mg］于 50mL 烧杯中，用 20g/L 的偏磷酸溶液将试样转移至 50mL 容量瓶中，震摇溶解并定容。摇匀，全部转移至 50mL 离心管中，超声提取 5min 后，于 4 000r/min 离心 5min，取上清液过 0.45μm 水相滤膜，滤液待测［由此试液可同时分别测定试样中 L(+)-抗坏血酸和 D(-)-抗坏血酸的含量］。

3. 试样溶液的还原

准确吸取 20mL 上述离心后的上清液于 50mL 离心管中，加入 10mL 40g/L 的 L-半胱氨酸溶液，用 100g/L 磷酸三钠溶液调节 pH 值至 7.0~7.2，以 200r/min 振荡 5min。再用磷酸调节 pH 值至 2.5~2.8，用水将试液全部转移至 50mL 容量瓶中，并定容至刻度。混匀后取此试液过 0.45μm 水相滤膜后待测［由此试液可测定试样中包括脱氢型的 L(+)-抗坏血酸总量］。

4. 仪器参考条件

色谱柱：C18 柱，柱长 250mm，内径 4.6mm，粒径 5μm，或同等性能的色谱柱；

检测器：二极管阵列检测器或紫外检测器；

流动相：A：6.8g 磷酸二氢钾和 0.91g 十六烷基三甲基溴化铵，用水溶解并定容至 1L（用磷酸调 pH 值至 2.5~2.8）；B：100%甲醇。按 A∶B=98∶2 混合，过 0.45μm 滤膜，超声脱气；

流速：0.7mL/min；

检测波长：245nm；

柱温：25℃；

进样量：20μL。

（五）结果计算

试样中 L(+)-抗坏血酸［或 D(-)-抗坏血酸］的含量和 L(+)-抗坏血酸总量按下式计算：

$$w = \frac{(c_1 - c_0) \times V}{m \times 1\ 000} \times F \times K \times 100$$

式中：

w 为试样中 L(+)-抗坏血酸［或 D(-)-抗坏血酸、L(+)-抗坏血酸总量］的含量，单位为毫克每百克（mg/100g）；

c_1 为样液中 L(+)-抗坏血酸［或 D(-)-抗坏血酸］的质量浓度，单位为微克每毫升（μg/mL）；

c_0 为样品空白液中 L(+)-抗坏血酸［或 D(-)-抗坏血酸］的质量浓度，单位为微克每毫升（μg/mL）；

V 为试样的最后定容体积，单位为毫升（mL）；

m 为实际检测试样质量，单位克（g）；

1 000 为换算系数（由 μg/mL 换算成 mg/mL 的换算因子）；

F 为稀释倍数（若使用还原步骤时，即为 2.5）；

K 为若使用甲醇沉淀步骤时，即为 1.25；

100 为换算系数（由 mg/g 换算成 mg/100g 的换算因子）。

计算结果以重复性条件下获得的 2 次独立测定结果的算术平均值表示，结果保留 3 位有效数字。

（六）精密度

在重复性条件下获得的2次独立测定结果的绝对差值不得超过算术平均值的10%。

七、牧草中维生素 D_3 的测定

（一）原理

用碱溶液皂化试样，乙醚提取维生素 D_3，蒸发乙醚，残渣溶解于甲醇并将部分溶液注入高效液相色谱反相净化柱，收集含维生素 D_3 淋洗液，蒸发至干，溶解于适当溶剂中，注入高效液相色谱分析柱，在264nm处测定，外标法计算维生素 D_3 含量。

（二）试剂和溶液

除特殊注明外，本标准所用试剂均为分析纯，色谱用水为一级水。

无水乙醚（不含过氧化物）：过氧化物检查方法为用5mL乙醚加1mL碘化钾溶液，振摇1min，如有过氧化物则放出游离碘，水层呈黄色，或加淀粉指示液，水层呈蓝色，该乙醚需处理后使用。去除过氧化物的方法：乙醚用硫代硫酸钠溶液振摇，静置，分取乙醚层，再用水振摇洗涤2次，重蒸，弃去首尾5%部分，收集馏出的乙醚，再检查过氧化物，应符合规定。

无水乙醇；

正已烷：色谱纯；

1,4-二氧六环；

甲醇：色谱纯；

2,6-二叔丁基对甲酚（BHT）；

无水硫酸钠；

氮气（纯度99.9%）；

碘化钾溶液：100g/L；

淀粉指示液：5g/L（临用现配）；

硫代硫酸钠溶液：50g/L；

氢氧化钾溶液：500g/L；

L-抗坏血酸乙醇溶液：5g/L，取0.5g L-抗坏血酸结晶纯品溶解于4mL温热

的水中，用无水乙醇稀释至 100mL，临用前配制；

酚酞指示剂：10g/L；

氯化钠溶液：100g/L；

维生素 D_3 标准品：维生素 D_3 含量≥99.0%；

维生素 D_3 标准储备液：称取 50mg 维生素 D_3（胆钙化醇）标准品（精确至 0.000 01g）于 50mL 棕色容量瓶中，用正己烷溶解并稀释至刻度，混匀，4℃保存。该储备液浓度为 1.0mg/mL；

维生素 D_3 标准工作液：准确吸取维生素 D_3 标准储备液，用正己烷按 1∶100 比例稀释，若用反相色谱测定，将 1.0mL 维生素 D_3 标准储备液置入 10mL 棕色容量瓶中，用氮气吹干，用甲醇稀释至刻度，混匀，再按比例稀释该标准工作液浓度为 10μg/mL。

（三）仪器和设备

分析天平：感量 0.001g、感量 0.000 1g、感量 0.000 01g；

圆底烧瓶：带回流冷凝器；

恒温水浴或电热套；

旋转蒸发仪；

超纯水仪；

高效液相色谱仪，带紫外可调波长检测器（或二极管矩阵检测器）。

（四）分析步骤

1. 试样溶液的制备

（1）皂化。称取试样配 10g，精确至 0.001g，置入 250mL 圆底烧瓶中，加 50~60mL L-抗坏血酸乙醇溶液，使试样完全分散、浸湿，加 10mL 氢氧化钾溶液，混合均匀，置于沸水浴上回流 30min，不时振荡防止试样黏附在瓶壁上，皂化结束，分别用 5mL 无水乙醇、5mL 水自冷凝管顶端冲洗其内部，取出烧瓶冷却至约 40℃。

（2）提取。定量转移全部皂化液于盛有 100mL 无水乙醚的 500mL 分液漏斗中，用 30~50mL 水分 2~3 次冲洗圆底烧瓶并入分液漏斗，加盖、放气、随后混合，激烈振荡 2min，静置，分层。转移水相于第二个分液漏斗中，分次用 100mL、60mL 乙醚重复提取 2 次，弃去水相，合并 3 次乙醚相。用氯化钠溶液 100mL 洗涤一次，再用水每次 100mL 洗涤乙醚提取液至中性，初次水洗时轻轻旋摇，防止乳化。乙醚提取液通过无水硫酸钠脱水，转移到 250mL 棕色容量瓶中，加 100mg BHT 使之溶解，用乙醚定容至刻度（V_1）。以上操作均在避光通过橱内进行。

(3) 浓缩。从乙醚提取液 (V_1) 中分取一定体积 (V_2) (依据样品标示量、称样量和提取液量确定分取量) 置于旋转蒸发器烧瓶中，在部分真空、水浴温度 50℃的条件下蒸发至干，或用氮气吹干。残渣用正己烷溶解，并稀释至 10mL (V_3) 使其获得的溶液中每毫升含维生素 D_3 2~10μg (80~400IU)，离心或通过 0. 45μm 过滤膜过滤，收集清液移入 2mL 小试管，用于高效液相色谱仪分析，以上操作均在避光通风橱内进行。

(4) 高效液相色谱净化柱净化。用 5mL 甲醇溶解圆底烧瓶中的残渣，向高效液相色谱净化柱中注射 0. 5mL 甲醇溶液 (按所述色谱条件，以维生素 D_3 标准甲醇溶液流出时间±0. 5min) 收集含维生素 D_3 的馏分于 50mL 小容量瓶中，蒸发至干 (或用氮气吹干)，溶解于正己烷中。

所测样品的维生素 D_3 标示量在每千克超过 10 000 IU 范围时，可以不使用高效液相色谱净化柱，直接用分析柱分析。

2. 测定

(1) 高效液相色谱净化条件。

色谱净化柱：RP-8，长 25cm，内径 10mm，粒度 10μm；

流动相：甲醇+水 (90+10)；

流速：2. 0mL/min；

检测波长：264nm。

(2) 高效液相色分析条件。

①正相色谱：

色谱柱：硅胶 Si60，长 125mm，内径 4. 6mm，粒度 5μm (或性能类似的分析柱)；

流动相：正己烷+1，4 二氧六环 (93+7)；

流速：1. 0mL/min；

温度：室温；

进样量：20μL；

检测波长：264nm。

②反相色谱：

色谱柱：C18 型柱，长 125mm，内径 4. 6mm，粒度 5μm (或性能类似的分析柱)；

流动相：甲醇+水 (95+5)；

流速：1. 0mL/min；

进样量：20pL；

检测波长：264nm。

（3）定量测定。按高效液相色谱仪说明书调整仪器操作参数，为准确测量按要求对分析柱进行系统适应性试验，使维生素 D_3 与维生素 D_3 原或其他峰之间有较好分离度，其 $R\geqslant1.5$，向色谱柱注入相应的维生素 D_3 标准工作液和试样溶液，得到色谱峰面积响应值，用外标法定量测定。

（五）结果计算

试样中维生素 D_3 的含量按下式计算：

$$w=\frac{P_1\times V_1\times V_3\times\rho\times1.25}{P_2\times m\times V_2\times f}\times1\,000$$

式中：

w 为试样中维生素 D_3 的质量分数，单位为国际单位每千克（IU/kg）或毫克每千克（mg/kg）；

P_1 为试样溶液峰面积值；

V_1 为提取液的总体积，单位为毫升（mL）；

V_3 为试样溶液最终体积，单位为毫升（mL）；

ρ 为维生素 D_3 标准工作液浓度，单位为微克每毫升（μg/mL）；

P_2 为维生素 D_3 标准工作液峰面积值；

m 为试样质量，单位为克（g）；

V_2 为从提取液（V）中分取的溶液体积，单位为毫升（mL）；

f 为转换系数，1 国际单位（IU）维生素 D_3 相当于 0.025μg 胆钙化醇。

注：维生素 D_3 对照品与试样同样皂化处理后，所得标准溶液注入高效液相色谱分析柱以维生素 D_3 峰面积计算时可不乘 1.25。

平行测定结果用算术平均值表示，计算结果保留 3 位有效数字。

八、牧草中维生素 E 的测定

（一）原理

用碱溶液皂化试验样品，使试样中天然生育酚释放出来，添加的 DL-α-生育酚乙酸酯转化为游离的 DL-α-生育酚，乙醚提取，蒸发乙醚，用正己烷溶解残渣。试液注入高效液相色谱柱，用紫外检测器在 280nm 处测定，外标法计算维生素 E（DL-α-生育酚）含量。

（二）试剂和溶液

除特殊注明外，本方法所用试剂均为分析纯，色谱用水为一级用水。

碘化钾溶液：100g/L；

淀粉指示液：5g/L；

硫代硫酸钠溶液：50g/L；

无水乙醚：不含过氧化物；

①过氧化物检查方法：用5mL乙醚加1mL碘化钾溶液，振摇1min，如有过氧化物则放出游离碘，水层呈黄色，或加淀粉指示液，水层呈蓝色，该乙醚需处理后使用。

②去除过氧化物的方法：乙醚用硫代硫酸钠溶液振摇，静置，分取乙醚层，再用蒸馏水振摇，洗涤2次，重蒸，弃去首尾5%部分，收集馏出的乙醚，再检查过氧化物，应符合规定。

无水乙醇；

正己烷：色谱纯；

1,4二氧六环；

甲醇：色谱纯；

2,6-二叔丁基对甲酚（BHT）；

无水硫酸钠；

氢氧化钾溶液：500g/L；

L-抗坏血酸乙醇溶液：5g/L，取0.5g L-抗坏血酸结晶纯品溶解于4mL温热的蒸馏水中，用无水乙醇稀释至100mL，临用前配制；

维生素E（DL-α-生育酚）对照品：含量≥99.0%；

DL-α-生育酚标准储备液：称取DL-α-生育酚对照品100mg（精确至0.000 1g）于100mL棕色容量瓶中，用正己烷溶解并稀释至刻度，混匀，4℃保存，浓度为1.0mg/mL；

DL-α-生育酚标准工作液：准确吸取DL-α-生育酚标准储备液，用正己烷按1∶20比例稀释，若用反相色谱测定，将1.0mL DL-α-生育酚标准储备液置入10mL棕色容量瓶中，用氮气吹干，用甲醇稀释至刻度，混匀，再按比例稀释，配置工作浓度为μg/mL；

酚酞指示剂乙醇溶液：10g/L；

氮气（纯度99.9%）。

（三）仪器和设备

分析天平：感量分别为0.000 1g、0.000 01g；
圆底烧瓶：带回流冷凝器；
恒温水浴或电热套件；
旋转蒸发仪；
超纯水仪；
高效液相色谱仪：带紫外可调波长检测器（或二极管阵列检测器）。

（四）试验步骤

本实验前处理应全程在通风橱内操作。

1. 试样溶液的制备

（1）皂化。称取试样 10g，精确至 0.001g，置入 250mL 圆底烧瓶中，加 50mL L-抗坏血酸乙醇溶液，使试样完全分散浸湿，置于水浴上加热直到沸点，用氮气吹洗稍冷却，加 10mL 氢氧化钾溶液，混合均匀，在氮气流下沸腾皂化回流 30min，不时振荡防止试样黏附在瓶壁上，皂化结束，分别用 5mL 无水乙醇、5mL 水自冷凝管顶端冲洗其内部，取出烧瓶冷却至约 40℃。

（2）提取。定量的转移全部皂化液于盛有 100mL 无水乙醚的 500mL 分液漏斗中，用 30~50mL 蒸馏水分 2~3 次冲洗圆底烧瓶并入分液漏斗，加盖、放气，随后混合，激烈振荡 2min，静置、分层。转移水相于第二个分液漏斗中，分次用 100mL、60mL 乙醚重复提取 2 次，弃去水相，合并 3 次乙醚相。用蒸馏水每次 100mL 洗涤乙醚提取液至中性，初次水洗时轻轻旋摇，防止乳化。乙醚提取液通过无水硫酸钠脱水，转移到 250mL 棕色容量瓶中，加 100mg BHT 使之溶解，用乙醚定容至刻度（V_1）。

（3）浓缩。从乙醚提取液（V_1）中分取一定体积（V_2）（依据样品标示量、称样量和提取液量确定分取量）置于旋转蒸发仪烧瓶中，在部分真空、水浴温度约 50℃的条件下蒸发至干或用氮气吹干。残渣用正己烷溶解（反相色谱用甲醇溶解），并稀释至 10mL（V_3）使获得的溶液中每毫升含维生素 E（DL-α-生育酚）50~100μg，离心或通过 0.45μm 过滤膜过滤，用于高效液相色谱仪分析。

2. 测定

（1）色谱条件。

①正相色谱：

色谱柱：硅胶 Si60，125mm，内径 4.6mm，粒度：5μm；
流动相：正己烷+1,4-二氧六环=97+3；

流速：1.0mL/min；

温度：室温；

进样量：20μL；

检测器：紫外可调波长检测器（或二极管阵列检测器）；

检测波长：280nm。

②反相色谱：

色谱柱：C18 柱，长 125mm，内径 4.6mm，粒度 5μm；

流动相：甲醇+水=95+5；

流速：1.0mL/min；

温度：室温；

进样量：20μL；

检测器：紫外可调波长检测器（或二极管矩阵检测器）；

检测波长：280nm。

（2）定量。

按高效液相色谱仪说明书调整仪器操作参数，向色谱柱注入相应的维生素 E（DL-α-生育酚）标准工作液和试样溶液，得到色谱峰面积响应值，用外标法定量测定。

（五）结果计算

试样中维生素 E 的含量按下式计算：

$$w = \frac{P_1 \times V_1 \times V_3 \times \rho}{P_2 \times m \times V_2 \times f}$$

式中：

w 为试样中维生素 E 的质量分数，单位为国际单位/千克或毫克/千克（IU/kg 或 mg/kg）；

P_1 为试样溶液峰面积值；

V_1 为提取液的总体积，单位为毫升（mL）；

V_3 为试样溶液最终体积，单位为毫升（mL）；

ρ 为标准工作液浓度，单位为微克每毫升（μg/mL）；

P_2 为标准工作液峰面积值；

m 为试样质量，单位为克（g）；

V_2 为从提取液（V_1）中分取的溶液体积，单位为毫升（mL）；

f 为转换系数，1IU 维生素 E 相当于 0.909mg DL-α-生育酚，或 1.0mg DL-α-生育酚乙酸酯。

平行测定结果用算术平均值表示，计算结果保留 3 位有效数字。

九、牧草中维生素 K_3 的测定

（一）原理

试样经三氯甲烷和碳酸钠溶液提取并转化成游离甲萘醌，经反相 C18 柱分离，紫外检测器检测，外标法定量。

（二）试剂和材料

除另有说明外，本方法所有试剂均为分析纯试剂，色谱用水为一级用水。

三氯甲烷；

甲醇：色谱纯；

无水碳酸钠；

碳酸钠溶液：浓度为 1mol/L，称取无水碳酿钠 10.6g，加 100mL 水溶解，摇匀；

无水硫酸钠；

硅藻土；

硅藻土和无水硫酸钠混合物：称取 3g 硅藻土与 20g 无水硫酸钠混匀；

甲萘醌标准品：含量≥96%；

甲萘醌标准储备液：称取甲萘醌标准品约 50mg（精确至 0.000 01g）于 100mL 棕色容量瓶中，用甲醇溶解，稀释至刻度，混匀，该储备液浓度约为 5μg/mL，-18℃保存，有效期一年；

甲萘醌标准工作液：准确吸取 1.00mL 甲萘醚标准储备液于 100mL 棕色容量瓶中，用甲醇溶解，稀释至刻度，混匀，该工作液浓度约为 5μg/mL，-18℃保存，有效期 3 个月。

（三）仪器和设备

实验室常用仪器设备；

分析天平：感量 0.001g、感量 0.000 1g、感量 0.000 01g；

旋转振荡器：200r/min；

离心机：不低于 5 000r/min（相对离心力为 2 988×g）；

氮吹仪（或旋转蒸发仪）；

高效液相色谱仪：带紫外可调波长检测器（或二极管矩阵检测器）。

（四）实验步骤

注意：因维生素 K_3 对空气和紫外光具敏感性，而且所用提取三氯甲烷溶液有一定毒性，所以全部操作应避光并在通风橱内进行。

1. 试样溶液的制备

称取试样 10g（精确至 0.001g），置入 100mL 具塞锥形瓶中，准确加入 50mL 三氯甲烷放在旋转振荡器振荡 2min，加 5mL 碳酸钠溶液振荡 3min，再加 5g 硅藻土和无水硫酸钠混合物，振荡 30min，然后用中速滤纸过滤或离心（5 000r/min，10min）。准确吸取适量三氯甲烷提取液（V_2），用氮气吹干（或 40℃旋转减压蒸干），用甲醇溶解，使试样溶液浓度为每毫升含甲萘醌 0.1～5μg，通过 0.45μm 有机滤膜过滤，用于高效液相色谱仪分析。

2. 测定

（1）参考色谱条件。

色谱柱：C18 型柱，长 150mm，内径 4.6mm，粒度 5μm，或性能类似的分析柱；

流动相：甲醇+水（75+25）；

流速：1.0mL/min；

柱温：室温；

进样量：5～20μL；

检测波长：251nm。

（2）定量测定。依次注入相应的甲萘醌标准工作液和试样溶液，得到色谱峰面积响应值，用外标法定量测定。

（五）结果计算

试样中甲萘醌的含量按下式计算：

$$w = \frac{P_1 \times V_1 \times V_3 \times \rho}{P_2 \times m \times V_2}$$

式中：

w 为试样品中甲萘醌的质量分数，单位为毫克每千克（mg/kg）；

P_1 为试样溶液峰面积值；

V_1 为提取液的总体积，单位为毫升（mL）；

V_3 为试样溶液定容体积，单位为毫升（mL）；

ρ 为甲萘醌标准工作液浓度，单位为微克每毫升（μg/mL）；

P_2 为甲萘醌标准工作液峰面积值；

m 为试样质量，单位为克（g）；

V_2 为从提取液（V_1）中分取的溶液体积，单位为毫升（mL）。

测定结果用平行测定的算术平均值表示，计算结果保留 3 位有效数字。

第七章　青贮饲料营养品质的测定

一、青贮检测样品的制备

（一）浸提液的制备

青贮饲料的浸提液用于 pH 值、有机酸和氨态氮的测定。

浸提液的制备流程图见图 1。其中浸提液 1 用于青贮饲料 pH 值和氨态氮的测定，浸提液 2 用于青贮饲料有机酸的测定。

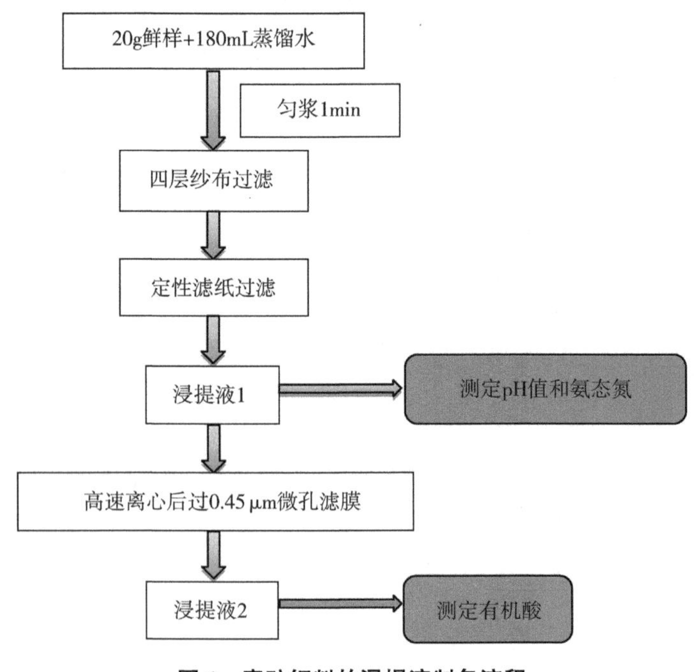

图 1　青贮饲料的浸提液制备流程

（二）浸提液的制备

浸提液用于测定青贮饲料的 pH 值和氨态氮。

1. 耗材、工具及仪器

天平、量筒、高速组织粉碎机、三角瓶、漏斗、纱布、剪刀、滤纸、蒸馏水、烧杯、离心管或其他容器、记号笔。

2. 制备步骤

称取青贮样品 20g，加入 180mL 的蒸馏水，或青贮饲料与水的质量体积比为 1∶9。经高速组织粉碎机粉碎匀浆 1min、先后通过四层纱布和定性滤纸过滤、分装于-20℃保存。

3. 注意事项

（1）样品在冷冻过程中容易膨胀，若用压盖离心管存放样品，建议离心管中盛放的样品体积不要超过离心管容积的 2/3，以防样品在冷冻过程中膨胀导致离心管盖胀开。在样品解冻时，建议将离心管放置在离心管架上，以防样品解冻过程中样品的外漏。

（2）青贮饲料浸提液制备时，通常采用青贮饲料与水的质量体积比为 1∶9，可以根据青贮饲料的具体情况，确定该比例。

（三）半干样品的制备

1. 耗材、工具及仪器

烘箱、托盘或纸袋、粉碎机、天平、记号笔、自封袋。

2. 制备步骤

青贮饲料样品放入干燥的托盘或纸袋中，在 60～70℃的烘箱内烘干至恒重，一般烘干 48h。经粉碎机磨细，通过 40 目孔筛，即得分析样品。

（四）微生物检测用样品的制备

1. 耗材、工具及仪器

灭菌锅、超净工作台、天平、量筒、锥形瓶或均质袋、封口膜、镊子、酒精灯、振荡器或拍打式均质器、记号笔。

2. 制备步骤

称取 20g 青贮饲料鲜样至盛有 180mL 灭菌蒸馏水的锥形瓶中，充分振摇，即为 1∶10 稀释液。或放入盛有 180mL 无菌蒸馏水的均质袋中，用拍击式均质器拍打 2min，制成 1∶10 的样品匀液。取 1mL 1∶10 稀释液注入含有 9mL 无菌水的试管中，制成 1∶100 稀释液。按上述操作程序，制备 10 倍系列稀释样品匀液。选择 2~3 个适宜稀释度的样品匀液，测定微生物数量。

二、青贮中干物质含量的测定

（一）耗材、工具及仪器

电子天平、分析天平、电热恒温干燥箱、样品盘或纸袋、水分皿、干燥器、记号笔。

（二）测定步骤

1. 样品前处理

对采集的青贮样品或青贮原料样品，用剪刀剪碎至 2~5cm 长的小段，以便于烘干。对于已经为切碎状态的青贮饲料样品可直接进行烘干处理。

2. 低温烘干

采用已知重量的样品盘或纸袋，装入样品 200~300g，称重，准确至 0.1g 置于电热恒温干燥箱中 65℃烘干 6~8h，放置在室内空气中 4h，称量。重复上述过程，直至 2 次重量相差小于 0.5g，为恒重，得半干样品。记录该过程样品的减重情况。

对于新鲜的青贮原料，第一次烘干时，须先 105℃ 烘干 15min，而后迅速转至 65℃ 继续烘干。

3. 粉碎、制备试样

对低温烘干后的半干样品进行粉碎处理，用植物粉碎机将样品粉碎至 40 目，装入自封袋或样品瓶，作为测定试样。常规养分均可以此试样为测试样品。

（三）结果计算

试样中干物质（DM）的含量按下式计算：

$$w = \frac{m_1 - m_2}{m} \times 100$$

式中：

w 为试样中干物质的质量分数，单位为百分比（%）；

m_1 为称量盘（纸袋）和半干试样的总质量，单位为克（g）；

m_2 为称量盘（纸袋）质量，单位为克（g）；

m 为青贮试样质量，单位为克（g）。

（四）注意事项

（1）可根据青贮样品的水分调节低温烘干时间，水分过高可延长烘干时间。
（2）急切需要掌握干物质含量时，可采用 105℃ 烘干 4h、恒重的方法测定干物质，但干燥后样品不宜进一步测定养分。

三、青贮中中性洗涤纤维的测定

（一）试剂

十二烷基硫酸钠、乙二胺四乙酸二钠、四硼酸钠、无水磷酸氢二钠、乙二醇乙醚、正辛醇、丙酮、α-高温淀粉酶、无水亚硫酸钠。

（二）试剂配制

中性洗涤剂（3%十二烷基硫酸钠溶液）：称取 18.6g 乙二胺四乙酸二钠和 6.8g 四硼酸钠，放入 100mL 烧杯中，加适量蒸馏水溶解（可加热），再加入 30g 十二烷基硫酸钠和 10mL 乙二醇乙醚；称取 4.56g 无水磷酸氢二钠置于另一烧杯中，加蒸馏水加热溶解，冷却后将上述两溶液转入 100mL 容量瓶并用水定容。此溶液 pH 值 6.9~7.1（pH 值一般不用调整）。

（三）测定步骤

1. 样品制备

将采集的样品 65℃烘干，用植物粉碎机将样品粉碎至 40 目，装入自封袋或样品瓶，作为测定试样。

2. 坩埚（漏斗）恒重

G2 玻璃砂坩埚（漏斗）预先放在 105℃电热恒温干燥箱中烘干 3h，取出后置于干燥器中冷却 30min，称量；再烘干 30min，冷却，称量；直至恒量（2 次称量之差小于 0.002g）。备用。

3. 消煮

根据纤维含量，准确称取试样 0.5~1g（准确至 0.000 1g）于 600mL 高型烧杯中，用量筒称量，加入 100mL 中性洗涤剂和 2~3 滴正辛醇以及 0.5g 无水亚硫酸钠，全株玉米等高淀粉含量饲料加入 0.2mL α-高温淀粉酶。将烧杯放置在消煮器上，盖上冷凝球，开冷却水，快速加热至沸腾，沸腾后调节加热功率保持微沸状态，从沸腾开始计时，消煮 1h。

4. **洗涤**

将消煮好的试样趁热倒入恒重过的 G2 玻璃砂坩埚（漏斗），并抽滤。用热水（90~100℃）冲洗烧杯将消煮后的剩余物全部转移至坩埚（漏斗）中，持续用热水冲洗坩埚（漏斗）中的剩余物，抽滤，直至滤液清澈无泡沫为止。

抽干后，用丙酮冲洗剩余物 3 次，每次浸润 3~5min，确保剩余物与丙酮充分混合，至滤液无色为止。将玻璃砂坩埚（漏斗）与剩余物置于通风橱中，使丙酮挥发干净。

5. **烘干、测定**

将玻璃砂坩埚（漏斗）和剩余物放入 105℃电热恒温干燥箱内烘干 3h，取出置于干燥器内冷却 30min，称量；再 105℃烘干 30min，置于干燥器内冷却 30min，称量；直至 2 次称量之差小于 0.002g 为恒量。

（四）结果计算

NDF 的含量按下式计算：

$$w = \frac{m_1 - m_2}{m} \times 100$$

式中：

w 为试样中 NDF 的质量分数，单位为百分比（%）；

m_1 为玻璃砂坩埚（漏斗）和剩余物质的总质量，单位为克（g）；

m_2 为玻璃砂坩埚（漏斗）质量，单位为克（g）；

m 为试样质量，单位为克（g）。

（五）注意事项

（1）十二烷基硫酸钠对呼吸道黏膜有刺激，佩戴口罩称量。

（2）丙酮易燃，不可未经充分挥发置于烘箱烘干。

（3）消煮过程中，如果样品粘到杯壁上，用不大于 5mL 的中性洗涤剂冲洗。

四、青贮中酸性洗涤纤维的测定

（一）试剂

十六烷基三甲基溴化铵、硫酸、丙酮。

（二）试剂配制

1. 1mol/L 硫酸（$1/2H_2SO_4$）溶液

准确量取 27. 7mL 浓硫酸，缓慢加入已装有 500mL 水的 1 000mL 烧杯中，冷却后加水定容至 1 000mL 容量瓶中，标定。

2. 酸性洗涤剂（2%十六烷基三甲基溴化铵溶液）

称取 20g 十六烷基三甲基溴化铵溶解于 100L 1mol/L 硫酸（$1/2H_2SO_4$）溶液中，搅拌溶解。

（三）测定步骤

1. 样品制备

将采集的样品风干或 65℃烘干，用植物粉碎机将样品粉碎至 40 目，装入自封袋或样品瓶，作为测定试样。

2. 坩埚（漏斗）恒重

G2 玻璃砂坩埚（漏斗）预先放在 105℃电热恒温干燥箱中烘干 3h，取出后置于干燥器中冷却 30min，称量；再烘干 30min，冷却，称量；直至恒量（两次称量之差小于 0. 002g）。备用。

3. 消煮

根据纤维含量，准确称取试样 0. 5~1g（准确至 0. 000 2g）于 600mL 高型烧杯中，用量筒称量、加入 100mL 酸性洗涤剂。将烧杯放置在消煮器上，盖上冷凝球，开冷却水，快速加热至沸腾，沸腾后调节加热功率保持微沸状态，从沸腾开始计时，消煮 1h。如果试样粘到烧杯壁上，用不大于 5mL 的酸性洗涤剂进行冲洗。

4. 洗涤

将消煮好的试样趁热倒入恒重过的 G2 玻璃砂坩埚（漏斗），并抽滤。用热水（90~100℃）冲洗烧杯将消煮后的剩余物全部转移至坩埚（漏斗）中，持续用热水冲洗坩埚（漏斗）中的剩余物，抽滤，直至滤液清澈，酸被完全冲洗干净（达到中性）为止，抽干后，用丙酮冲洗剩余物 3 次，每次浸润 3~5mim，确保剩余物与丙酮充分混合，至滤液无色为止。将玻璃砂坩埚（漏斗）与剩余物置于通风橱中，使丙酮挥发干净。

5. 烘干、测定

将玻璃砂坩埚（漏斗）和剩余物放入 105℃电热恒温干燥箱内烘干 3h 取出，置于干燥器内冷却 30min，称量；再 105℃烘干 30min，置于干燥器内冷却 30min，称量；直至 2 次称量之差小于 0. 002g 为恒量。

（四）结果计算

试样中 ADF 的含量按下式计算：

$$w = \frac{m_1 - m_2}{m} \times 100$$

式中：

w 为试样中 ADF 的质量分数，单位为百分比（%）；
m_1 为玻璃砂坩埚（漏斗）和剩余物质的总质量，单位为克（g）；
m_2 为玻璃砂坩埚（漏斗）质量，单位为克（g）；
m 为试样质量，单位为克（g）。
每个试样应取 2 个平行样测定，以其算术平均值为结果。

（五）注意事项

（1）任何情况下都是硫酸缓慢加入水中。
（2）十六烷基三甲基溴化铵对呼吸道有刺激，佩戴口罩称量。
（3）丙酮易燃，不可未经充分挥发置于烘箱烘干。

五、青贮中水溶性碳水化合物的测定

（一）原理

在浓硫酸溶液中，水溶性碳水化合物（WSC）先脱水为糖醛或羟甲基糖醛，再与蒽酮反应生成蓝绿色化合物，其颜色深度与含糖量成正比，其吸收波峰长 620nm。

（二）试剂

蒽酮–硫酸溶液：0.4g 蒽酮溶于 100mL 88%硫酸溶液（84 份体积的 97%浓硫酸与 16 份体积的水混合）中，放入冰箱或冷水中冷却备用，临用时配制。

糖标准液：准确称取 0.25g 蔗糖，以 80%乙醇溶解，定容至 250mL，稀释为 40～100μg/mL 的浓度。

（三）工作曲线的绘制

于两组干燥试管中，分别注入 0.0μg、10.0μg、20.0μg、40.0μg、60.0μg、

80.0μg（不可超过80μg）蔗糖标准溶液。加水调整个试管溶液均为2.00mL，放入冷水中冷却2min，各试管中加入6.00mL蒽酮-硫酸溶液，摇匀，迅速放入冷水中冷却2min。放入沸水中5min显色，完毕后，取出，用流水冷却至室温。以2.00mL蒸馏水按上述操作所得空白液为参比，于620nm波长下比色，绘制工作曲线。

（四）测定步骤

1. 样品处理

称取磨碎样品0.5g（W），用少量80%乙醇冲入带塞试管中，使体积在7mL左右，盖上塞子，置于80℃水浴中提取30min，取出冷却后转入50mL容量瓶中，定容，摇匀后静置，取上清液稀释合适倍数到2mL待测（待测液B）。

2. 测定

620nm下比色，按工作曲线所述步骤，测定沸水显色后溶液的吸光度。用标准曲线获得每2mL待测液中的微克数，再计算出WSC的含量。

（五）结果计算

试样中可溶性碳水化合物的含量按下式计算：

$$w=\frac{c\times 50\times n}{2\times W}$$

式中：

w 为试样中可溶性碳水化合物的含量，单位为克每千克（g/kg）；

c 为由标准曲线求得试样溶液中可溶性糖的质量，单位为微克（μg）；

50为第一次定容体积，单位为毫升（mL）；

n 为待测液稀释倍数；

2为吸取待测液B的体积，单位为毫升（mL）；

W 为青贮饲料干样的质量，单位为（g）。

算结果以重复性条件下获得的2次独立测定结果的算术平均值表示，计算结果保留2位有效数字。

（六）注意事项

WSC标准液的配制中，蔗糖可用葡萄糖或果糖代替。

六、青贮中粗脂肪的测定

（一）原理

用石油醚（乙醚）反复浸提青贮饲料样品，使其中脂肪溶于石油醚（乙醚），并收集于抽提瓶中，然后将所有的浸提溶剂加以蒸发回收，直接称量浸提瓶中的脂肪质量或样品包浸提前后质量，即可计算出试样中的脂肪含量。

（二）试剂

乙醚、石油醚。

（三）测定步骤

1. 样品制备

将采集的样品风干或65℃烘干，用植物粉碎机将样品粉碎至40目，装入自封袋或样品瓶，作为测定试样。

2. 减重法测定步骤

（1）恒重滤纸筒或滤纸。将制作的滤纸筒或用于包样品的滤纸置于105℃电热恒温干燥箱烘干1h，取出后置于干燥器中冷却，称量，直至恒重。

（2）提取。称取试样1~5g（准确至0.000 2g），于滤纸筒中或用滤纸包好，并用铅笔注明标号，滤纸筒高度应高于索氏提取器虹吸管的高度，滤纸包长度应以可全部浸泡于乙醚（石油醚）中为准将滤纸筒或滤纸包放入抽提管中，在抽提瓶中加乙醚（石油醚）60~100mL，在60~75℃的水浴上加热，开启冷凝水使乙醚（石油醚）回流，控乙醚（石油醚）回流次数为10次/h，共回流约50次或检查抽提管流出的乙醚（石油醚）挥发后不留下油迹为抽提终点。

（3）称量。取出滤纸筒或滤纸包，仍用原提取器回收乙醚（石油醚），直至抽提瓶全部回收完，取下抽提瓶。滤纸筒或滤纸包在通风橱中晾干乙醚（石油醚）后，置于电热恒温干燥箱中105℃烘干3h，置于干燥器中冷却30min，称量；105℃烘干30min，冷却，称量，直至恒重。

（四）结果结算

试样中粗脂肪的含量按下式计算：

$$w = \frac{m_1 - m_2}{m} \times 100$$

式中：

w 为试样中粗脂肪的质量分数，单位为百分比（%）；

m_1 为提取前滤纸和试样的总质量，单位为克（g）；

m_2 为提取后滤纸和试样的总质量，单位为克（g）；

m 为试样质量，单位为克（g）。

每个试样取 2 平行样进行测定，以其算术平均值为结果。计算结果保留小数点后 1 位有效数字。

（五）注意事项

（1）保持索氏提取器干燥无水。

（2）注意滤纸筒高度和滤纸包的密封性，保证样品不能漏出。

（3）乙醚和石油醚易燃，严谨明火加热，保持室内良好通风，抽提时防止石油醚（乙醚）过热而爆炸。

（4）烘干前保证乙醚和石油醚挥发干净。

（5）全部称量操作，样品包装时要戴乳胶手套或尼龙手套。

七、青贮中粗灰分的测定

（一）原理

试样在 550℃ 灼烧后得到残渣，残渣用质量分数表示即试样中粗灰分含量。

（二）试剂、耗材、工具及仪器

氯化铁、分析天平、电炉、马弗炉、干燥器、坩埚。

（三）测定步骤

1. 样品制备

将采集的样品风干或 65℃烘干，用植物粉碎机将样品粉碎至 40 目，装入自封袋或样品瓶，作为测定试样。

2. 坩埚编号

3. 坩埚恒重

将坩埚和盖一起放入马弗炉中，于 550℃ （±20℃）下灼烧 30min，取出，在空气中冷却约 1min，放入干燥器中冷却 30min，称重。再重复灼烧，冷却、称重。直至 2 次质量之差的绝对值小于 0. 000 5g 为恒重。

4. 炭化

在已知质量的坩埚中称取2~5g试样（灰分质量应在0.05g以上），准确至0.000 2g。电炉上低温炭化至无烟为止。样品开始炭化时，应打开部分坩埚盖，便于气流流通，温度应逐渐上升，防止火力过大而使部分样品颗粒被逸出的气体带走。

5. 灰化

炭化后将坩埚移入高温炉中，于550℃（±20℃）下灼烧3h。取出，在空气中冷却约1min，放入干燥器中冷却30min，称重。再同样灼烧1h，冷却、称重，直至2次质量之差的绝对值小于0.001g为恒重。

（四）结果计算

试样中粗灰分的含量按下式计算：

$$w = \frac{m_1 - m_2}{m} \times 100$$

式中：

w 为试样中粗灰分的质量分数，单位为百分比（%）；

m_1 为坩埚和粗灰分的总质量，单位为克（g）；

m_2 为坩埚的质量，单位为克（g）；

m 为试样质量，单位为克（g）。

每个试样应取2个平行样进行测定，以其算术平均值为结果，计算结果保留小数点后2位有效数字。

（五）注意事项

（1）为了避免样品氧化不足，不应把样品压得过紧，样品应松松地放在坩埚内。

（2）坩埚清洗后放入高温电炉前应充分干燥，避免坩埚炸裂。

（3）灼烧温度不宜超过600℃，否则会引起磷、硫等盐的挥发。

（4）灼烧残渣颜色与试样中各元素含量有关，含铁高时为红棕色，含锰高时为浅蓝色。但有明显黑色炭粒时，为炭化不完全，应延长灼烧时间。

八、青贮中淀粉的测定

（一）原理

样品经除脂、除可溶性糖处理后，利用酶将淀粉水解成单糖，通过测定单糖的含量对比标准可溶性淀粉的水解单糖产量，换算成样品中的淀粉含量。

（二）试剂

高温淀粉酶、淀粉葡萄糖苷酶、3,5-二硝基水杨酸、酒石酸钾钠四水合物、冰乙酸、乙酸钠、乙醇、甲基红、可溶性淀粉、氢氧化钠。

（三）试剂配制

1. DNS 显色液

将 10g 3,5-二硝基水杨酸和 300g 酒石酸钾钠四水合物加入 160mL 氢氧化钠溶液（10%，*W/V*）中，加水 500mL，略微加热（不能至沸腾）之全部溶解，冷却至室温，定容至 1 000mL。置于棕色瓶中密封、避光保存。室温下可以稳定 3 周。

2. 乙酸、乙酸钠缓冲液（pH=5）

取 11.4mL 冰乙酸加蒸馏水定容至 1 000mL 容量瓶中，配制成 0.2mol/L 乙酸溶液。取乙酸钠（$CH_2COONa \cdot 3H_2O$）27.22g 溶解于水后定容至 1 000mL，配制成 0.2mol/L 乙酸钠溶液。将上述乙酸溶液和乙酸钠溶液按照体积比 3∶7 比例混合，即得乙酸-乙酸钠缓冲溶液

3. 20% NaOH 溶液（*W/V*）

称取 20g 氢氧化钠，溶于 100mL 水中。

4. 甲基红指示剂

取甲基红 0.1g，加 0.05mol/L 氢氧化钠溶液 7.4mL 使溶解，再加水定容至 200mL。

5. 85%乙醇溶液

按乙醇与水体积比 85∶15 配制乙醇溶液。

（四）测定步骤

1. 工作曲线的制作

准确称取 0.00g、0.03g、0.06g、0.09g、0.12g、0.15g、0.18g、0.21g、

0.24g、0.27g、0.30g 可溶性淀粉（分析纯），放入 50mL 刻度试管中，加入乙酸-乙酸钠缓冲溶液 30mL 和耐高温淀粉酶 100μL，漩涡振荡器混匀，在 95℃水浴锅中水浴 1h，其间至少混匀 3 次取出试管，冷却至室温后，加入淀粉葡萄糖苷酶 200μL，混匀，在 60℃水浴锅中水浴 2h，其间至少混匀 3 次。

冷却后加入甲基红指示剂 2 滴用 20%氢氧化钠溶液调节溶液呈淡黄色为止，将溶液定容至 50mL。

取定容后的溶液和蒸馏水（空白）0.5mL，分别置于试管中，加入 3.9mL 蒸馏水，0.6mL DNS 显色液，混匀后 95℃水浴 5min，冷却至室温以蒸馏水显色液为空白，使用 1cm 比色皿，540nm 比色，测定吸光度。以吸光度为纵坐标，淀粉质量为横坐标，绘制工作曲线并列出回归方程。

2. 样品制备

将采集的样品风干或 65℃烘干，用植物粉碎机将样品粉碎至 40 目，装入自封袋或样品瓶，作为测定试样。

称取 0.15~0.30g 试样，精确到 0.000 1g，置于 10mL 离心管中，加入 5mL 乙醚，混匀 5min，静置后 4 000r/min 离心 5min，弃去上清液。重复提取 3 次。在残渣中加入 85%乙醇溶液，混匀 5min，静置后 4 000r/min 离心 5min，弃去上清液。重复提取 3 次。

待残渣中的乙醇溶液挥发干燥（可采用电吹风机等促进干燥）后，参照工作曲线制作过程，对残渣中的淀粉进行水解、比色。将测得的吸光度值代入工作曲线的回归方程计算。

（五）结果计算

试样中淀粉的含量按下式计算：

$$w = \frac{m_2}{m_1} \times 100$$

式中：

w 为试样中淀粉的质量分数，单位为百分比（%）；

m_2 为依据工作曲线计算的淀粉质量，单位为克（g）；

m_1 为试样质量，单位为克（g）。

每个试样应取 2 个平行样进行测定，以其算术平均值为结果，计算结果保留小数点后 2 位有效数字。

第八章　青贮发酵品质的测定

一、青贮中 pH 值的测定

（一）原理

当把 pH 计玻璃电极和甘汞电极插入青贮饲料浸提液时，构成一电池反应，两者之间产生电位差，由于参比电极的电位是固定的，因而该电位差的大小决定于试液中的氢离子活度，其负对数即为 pH 值，在 pH 计上直接读出。

（二）试剂、耗材、工具及仪器

邻苯二甲酸氢钾、磷酸二氢钾、磷酸氢二钠、pH 计、电极、振荡器或搅拌器、洗瓶、吸水纸。

（三）pH 值标准缓冲溶液

1. 邻苯二甲酸盐标准缓冲溶液（0. 05mol/L 邻苯二甲酸氢钾）

称取 10. 21g 于 110~120℃干燥的邻苯二甲酸氢钾，溶于水转移至 1L 容量瓶中，用水定容，混匀。或使用经国家认证并授予标准物质证书的标准溶液。

2. 磷酸盐标准缓冲溶液（0. 025mol/L 磷酸二氢钾+0. 025mol/L 磷酸氢二钠）

称取 3. 40g 于 110~120℃烘干 2h 的磷酸二氢钾和 3. 55g 磷酸氢二钠溶于水，转移到 1L 容量瓶中，用水定容，混匀。或使用经国家认证并授予标准物质证书的标准溶液。

配制好的 pH 标准缓冲液储存于密闭的聚乙烯瓶中，可稳定 1 个月，一般可保存 2~3 个月，但发现有浑浊、发霉或沉淀等现象时，不能继续使用。

（四）分析步骤

1. pH 计的校正

依照仪器说明书，用中性和酸性两种标准缓冲溶液进行 pH 计的校正。将盛有缓冲溶液并内置搅拌子的烧杯置于磁力搅拌器上，开启磁力搅拌器。用温度计测量缓冲溶液，并将 pH 计的温度补偿旋钮调节到该温度上。有自动温度补偿功能的仪器，此步骤可省略。搅拌平稳后将电极插入缓冲液中，待读数稳定后读取 pH 值。

2. 试样溶液 pH 值的测定

测量试样溶液的温度，试样溶液的温度与标准缓冲溶液的温度之差不应超过 1℃。pH 值测量时，应在搅拌的条件下或事前充分摇动试样溶液后将电极插入试样溶液中，待读数稳定后读取 pH 值。

二、青贮中氨态氮的测定

（一）原理

试样直接用水提取后，浸提液中 NH_4^+在强碱性介质中与次氯酸盐和苯酚发生反应，生成水溶性染料靛酚蓝，其颜色深浅与溶液中的 NH_4^+含量成正比。

（二）试剂、耗材、工具及仪器

亚硝基铁氰化钠、苯酚溶液或结晶苯酚、氢氧化钠、磷酸氢二钠、次氯酸钠、硫酸铵、天平、烧杯、搅拌棒、电热炉、量筒、容量瓶、棕色瓶、烘箱、分光光度计、比色皿、试管、移液枪、枪头、恒温水浴锅。

（三）试剂配制

1. 苯酚试剂

将 0. 05g 亚硝基铁氰化钠溶解在 0. 5L 蒸馏水中，再加入 11mL 苯酚溶液或 9. 9g 结晶苯酚，混合均匀后定容到 1L，储藏于棕色试剂瓶中，低温避光保存。

2. 次氯酸盐溶液

将 5. 0g 氢氧化钠溶解在 2/3L 的蒸馏水中，再加入 20. 1g 磷酸氢二钠，中火加热并不断搅拌至完全溶解。冷却后加入 14. 7mL 含 8. 5%活性氯的次氯酸钠溶液并混匀，定容到 1L，储藏于棕色试剂瓶中，低温避光保存。

3. 标准铵溶液

称取 0.660 7g 经 100℃ 条件下烘干 24h 的硫酸铵溶于蒸馏水中，定容至 100mL，配制成 0.1mol/L 的铵储备液。将上述储备液稀释配制成 1.0mmol/L、2.0mmol/L、3.0mmol/L、4.0mmol/L、5.0mmol/L 5 种不同浓度梯度的标准液。

（四）分析步骤

1. 标准曲线的建立

取 6 个 50mL 容量瓶，分别吸取铵储备液 0.5mL、1.0mL、1.5mL、2.0mL、2.5mL，定容。配制成 1.0mmol/L、2.0mmol/L、3.0mmol/L、4.0mmol/L、5.0mmol/L 5 种不同浓度梯度的标准液。取 6 支试管，分别向每支试管中加入 50μL 标准液，空白为 50μL 蒸馏水；向每支试管中加入 2.5mL 的苯酚试剂，摇匀；再向每支试管中加入 2mL 次氯酸钠试剂，并混匀；将混合液在 95℃ 水浴中加热显色反应 5min 冷却后，在 630nm 波长下比色。以吸光度和标准液浓度为坐标轴建立标准曲线。

2. 试样溶液的测定

向每支试管中加入 50μL 经适当倍数稀释的样本液，空白为 50μL 蒸馏水，按标准曲线的检测步骤测定样本液的吸光度。样品的吸光度与标准曲线比较求出含量。

（五）分析结果

试样中氨态氮的含量按下式计算：

$$w = \frac{c \times (V + m \times w_1) \times n \times 18 \times 1\ 000}{m}$$

式中：

w 为试样中氨态氮的含量，单位为克每千克（g/kg）；

c 为由标准曲线求得试样溶液中氨态氮的浓度，单位为毫克每毫升（mg/mL）；

n 为样品稀释倍数；

V 为制备青贮饲料浸提液时水的体积，单位为毫升（mL）；

m 为制备青贮饲料浸提液用青贮饲料质量，单位为克（g）；

w_1 为青贮饲料中水的质量分数；

1 000 为换算系数。

计算结果以重复性条件下获得的 2 次独立测定结果的算术平均值表示，计算结果保留 2 位有效数字。

三、青贮中有机酸的测定

（一）原理

高效液相色谱法测定青贮饲料中乳酸、乙酸、丁酸和丙酸含量。试样直接用水提取后，根据离子交换体和离子溶质的静电相互作用（排斥）进行分离，以保留时间定性，外标法定量。

（二）试剂

乳酸标准品、乙酸标准品、丙酸标准品、丁酸标准品、高氯酸、超纯水。

（三）试剂配制

1. 流动相的配制

将0.849 3g高氯酸溶于500mL超纯水中，混合均匀后定容到2L，通过0.45μm滤膜过滤，倒入三角瓶中，置于超声波清洗机中进行脱气，水浴温度为60℃，脱气时间为30min，脱气后的流动相封口保存。

2. 标准有机酸溶液

分别称取乳酸、乙酸、丙酸和丁酸的标准品约0.1g、0.1g、0.05g和0.05g于4个10mL的容量瓶中定容，数据精确到0.000 1g，准确记录数据，配制成高浓度的乳酸、乙酸、丙酸和丁酸的标准溶液，浓度分别约为10mg/mL、10mg/mL、5mg/mL和5mg/mL取6个10mL的容量瓶，分别标注标准液1、标准液2、标准液3、标准液4、标准液5和标准液6。分别量取4种高浓度标准溶液各0.25mL于标准液1容量瓶中、各0.5mL于标准液2容量瓶中、各1.0mL于标准液容量瓶3中、各1.5mL于标准液容量瓶4中、各2.0mL于标准液容量瓶5中、各2.5mL于标准液容量瓶6中，用超纯水定容，配制成6个梯度的有机酸混合标准溶液。混合标准溶液的大概浓度见表1。

表1　有机酸混合标准液浓度　　单位：mg/mL

有机酸	标准液1	标准液2	标准液3	标准液4	标准液5	标准液6
乳酸	0.25	0.5	1.0	1.5	2.0	2.5
乙酸	0.25	0.5	1.0	1.5	2.0	2.5
丙酸	0.125	0.25	0.5	0.75	1.0	1.25
丁酸	0.125	0.25	0.5	0.75	1.0	1.25

3. 洗针液的配置

超纯水（电阻率为 18.2MΩ）。

（四）测定步骤

1. 试样处理

青贮饲料浸提液 12 000r/min 离心 3min，取上清液或者浸提液经 0.45μm 水相滤膜过滤，注入高效液相色谱仪分析。

2. 仪器参考条件

色谱柱：Shodex Spark KC-811 柱，8mm×300mm，或同等性能的色谱柱；

流动相：用 3mmol/L 的高氯酸溶液，经 0.45μm 水相滤膜过滤，脱气；

柱温：50℃；

进样量：5μL；

检测波长：210nm；

流速：1mL/min。

3. 标准曲线的制作

将标准系列工作液分别注入高效液相色谱仪中，测定相应的峰高或峰面积。以标准工作液的浓度为横坐标，以色谱峰高或峰面积为纵坐标，绘制标准曲线。

4. 试样溶液的测定

将试样溶液注入高效液相色谱仪中，得到峰高或峰面积，根据标准曲线得到待测液中有机酸的浓度。

（五）分析结果

试样中的有机酸的含量按下式计算：

$$w = \frac{c \times (V + m \times w_1)}{m}$$

式中：

w 为试样中有机酸的含量，单位为克每千克（g/kg）；

c 为由标准曲线求得试样溶液中某有机酸的浓度，单位为毫克每毫升（mg/mL）；

V 为制备青贮饲料浸提液时水的体积，单位为毫升（mL）；

m 为制备青贮饲料浸提液用青贮饲料质量，单位为克（g）；

w_1 为青贮饲料中水的质量分数。

计算结果以重复性条件下获得的 2 次独立测定结果的算术平均值表示，计算结果保留 2 位有效数字。

（六）注意事项

（1）高氯酸具强腐蚀性、强刺激性，配制流动相高氯酸溶液时应佩戴口罩。

（2）柱温升高后，再缓慢调整流速。

参考文献

国家卫生和计划生育委员会，2015. 食品安全国家标准　食品中镉的测定：GB 5009. 15—2014 [S]. 北京：中国标准出版社.

国家卫生和计划生育委员会，2015. 食品安全国家标准　食品中铬的测定：GB 5009. 123—2014 [S]. 北京：中国标准出版社.

国家卫生和计划生育委员会，2017. 食品安全国家标准　食品中氨基酸的测定：GB 5009. 124—2016 [S]. 北京：中国标准出版社.

全国饲料工业标准化技术委员会，2018. 饲料中钙的测定：GB/T 6436—2018 [S]. 北京：中国标准出版社.

全国饲料工业标准化技术委员会，2002. 饲料中维生素 B_2 的测定：GB/T 14701—2002 [S]. 北京：中国标准出版社.

全国饲料工业标准化技术委员会，2006. 饲料中粗脂肪的测定：GB/T 6433—2006/ISO 6492：1999 [S]. 北京：中国标准出版社.

全国饲料工业标准化技术委员会，2009. 饲料中维生素 E 的测定　高效液相色谱法：GB/T 17812—2008 [S]. 北京：中国标准出版社.

全国饲料工业标准化技术委员会，2011. 饲料中维生素 A 的测定　高效液相色谱法：GB/T 17817—2010 [S]. 北京：中国标准出版社.

全国饲料工业标准化技术委员会，2011. 饲料中维生素 D_3 的测定　高效液相色谱法：GB/T 17818—2010 [S]. 北京：中国标准出版社.

全国饲料工业标准化技术委员会，2017. 饲料中钙、铜、铁、镁、锰、钾、钠和锌含量的测定　原子吸收光谱法：GB/T 13885—2017 [S]. 北京：中国标准出版社.

全国饲料工业标准化技术委员会，2017. 饲料中维生素 B_{12} 的测定　高效液相色谱法：GB/T 17819—2017 [S]. 北京：中国标准出版社.

全国饲料工业标准化技术委员会，2017. 饲料中维生素 K_3 的测定　高效液相色谱法：GB/T 18872—2017 [S]. 北京：中国标准出版社.

全国饲料工业标准化技术委员会，2017. 饲料中硒的测定：GB/T 13883—2008 [S]. 北京：中国标准出版社.

全国饲料工业标准化技术委员会，2018. 饲料中维生素 B_1 的测定：GB/T 14700—2018 [S]. 北京：中国标准出版社.

全国饲料工业标准化技术委员会，2018. 饲料中维生素 B_6 的测定　高效液相色谱法：GB/T 14702—2018 [S]. 北京：中国标准出版社.

全国饲料工业标准化技术委员会，2018. 饲料中总磷的测定　分光光度法：GB/T 6437—2018 [S]. 北京：中国标准出版社.

中华人民共和国国家卫生和计划生育委员会，2016. 食品安全国家标准　食品中铅的测定：GB 5009. 12—2017 [S]. 北京：中国标准出版社.

中华人民共和国国家卫生和计划生育委员会，2016. 食品安全国家标准　食品中总汞及有机汞的测定：GB 5009. 17—2014 [S]. 北京：中国标准出版社.

中华人民共和国国家卫生和计划生育委员会，2016. 食品安全国家标准　食品中总砷及有机砷的测定：GB 5009. 11—2014 [S]. 北京：中国标准出版社.

中华人民共和国国家卫生和计划生育委员会，2017. 食品安全国家标准　食品中抗坏血酸的测定：GB 5009. 86—2016 [S]. 北京：中国标准出版社.

中华人民共和国国家质量监督检验检疫总局，中国国家标准化管理委员会，2006. 饲料中粗脂肪的测定：GB/T 6433—2006 [S]. 北京：中国标准出版社.

中华人民共和国国家质量监督检验检疫总局，中国国家标准化管理委员会，2007. 饲料中粗灰分的测定：GB/T 6438—2007/ISO 5984：2002 [S]. 北京：中国标准出版社.

中华人民共和国国家质量监督检验检疫总局，中国国家标准化管理委员会，2007. 饲料中酸性洗涤木质素（ADL）的测定：GB/T 20805—2006 [S]. 北京：中国标准出版社.

中华人民共和国国家质量监督检验检疫总局，中国国家标准化管理委员会，2007. 饲料中中性洗涤纤维（NDF）的测定：GB/T 20806—2006 [S]. 北京：中国标准出版社.

中华人民共和国国家质量监督检验检疫总局，中国国家标准化管理委员会，2015. 饲料中水分的测定：GB/T 6435—2014 [S]. 北京：中国标准出版社.

中华人民共和国农业部，2008. 饲料中酸性洗涤纤维的测定：NY/T 1459—2007 [S]. 北京：中国标准出版社.

中华人民共和国农业部，2011. 植物中氮、磷、钾的测定：NY/T 2017—2011 [S]. 北京：中国农业出版社.

中华人民共和国卫生部，2004. 植物性食品中除虫脲残留量的测定：GB/T5009. 147—2003 [S]. 北京：中国标准出版社.